新一代 GIS 平台关键技术丛书

地理时空场数据张量建模与分析

李冬双　罗　文　俞肇元　袁林旺 等　著

U0248680

科学出版社

北　京

内 容 简 介

本书针对现有时空场建模分析方法面临的高维拓展困难、计算复杂等问题，引入具有多维结构支撑特性及维度拓展特性的张量理论，较为系统地探讨时空场数据的统一张量表达、特征分析与高效计算的关键理论与方法；构建多维规则和非规则时空场数据集的一体化建模、压缩存储、操作更新与检索查询方法和张量特征解析与探索性数据分析方法，并以全球气候模式模拟数据等为例进行实例验证。本书研究表明，基于张量理论可建立多维时空场数据的统一表达、分析与建模框架，突破基于矩阵分析的传统时空场分析在支撑高维、动态等复杂时空场数据分析上的局限性，可为多维时空数据的组织、管理、建模、分析、模拟提供新的理论和方法基础。

本书主要适合从事 GIS 及地学分析等方向的科研工作者和研究生、计算机程序设计与应用数学爱好者等阅读参考。

图书在版编目(CIP)数据

地理时空场数据张量建模与分析/李冬双等著. —北京：科学出版社，2021.11

(新一代 GIS 平台关键技术丛书)

ISBN 978-7-03-069505-5

Ⅰ.①地… Ⅱ.①李… Ⅲ.①地理信息系统–张量分析 Ⅳ.①P208.2

中国版本图书馆 CIP 数据核字(2021) 第 158733 号

责任编辑：周 丹 沈 旭/责任校对：彭珍珍
责任印制：赵 博/封面设计：许 瑞

科学出版社 出版

北京东黄城根北街 16 号
邮政编码：100717
http://www.sciencep.com

北京建宏印刷有限公司印刷
科学出版社发行 各地新华书店经销

*

2021 年 11 月第 一 版 开本：720 × 1000 1/16
2025 年 1 月第三次印刷 印张：9 1/4
字数：190 000

定价：99.00 元
(如有印装质量问题，我社负责调换)

丛 书 前 言

地理信息技术是支撑地理学、地球系统科学和未来地球学等前沿探索的技术方法，也是服务于国家战略与社会发展的重要支撑技术。地理信息技术的发展受到高新技术发展、地球科学前沿需求和地理信息科学内涵发展的三重驱动。在技术驱动方面，新 ICT、大数据、自动驾驶和人工智能等新技术被广泛应用于 GIS，形成了高新技术驱动 GIS 技术发展，GIS 反馈推动高新技术发展的良性循环。在地球科学学科前沿方面，GIS 已经成为地理学和地球系统科学的重要支撑，并在未来地球计划中得到了高度的定位和肯定。在地理信息科学自身学科发展方面，地理空间也逐渐由自然、人文二元空间的表达转变成为自然、人文、信息三元世界的表达，使得对地理信息的理解从早期的空间加属性逐渐转变成对语义描述、时空位置、几何形态、演化过程、要素关系、作用机制和属性特征的全面描述。

在高新技术、地球科学前沿以及地理信息学科发展的共同驱动下，GIS 的对象、主体、模式、技术等正发生深刻变化，地理信息的内涵也得到了极大的扩充。多样化的应用需求驱动地理信息服务呈现专业化应用与泛在化大众服务融通发展的态势。数据资源、网络资源、计算和模型资源快速积累，导致了以泛在数据、异构计算、多模式终端等为代表的信息资源和信息基础设施呈现高度异构、分散孤立的态势，迫切需要突破现有地理信息数据、计算和分析资源的应用方式和服务模式，需要解决信息空间中地理时空格局、过程和相互作用机制的再现和表达问题，满足多视角、多模式、多场景的地理时空表达和分析，支撑地理信息的社会化应用与服务，构建高可用的可定制可配置的新一代 GIS 平台和"场景即服务"的地理空间服务新模式。

南京师范大学地理科学学院自 20 世纪 90 年代起持续专注于 GIS 平台关键技术研究。依托地图学与地理信息系统国家重点学科、地理学国家一流学科以及虚拟地理环境教育部重点实验室、江苏省地理信息资源开发与利用协同创新中心等学科平台支撑，通过国家高技术研究发展计划（863 计划）、国家重点研发计划、国家自然科学基金重点项目等项目的需求牵引，率先开展了新一代 GIS 平台关键技术研发，在高维时空数据模型与数据结构、地理场景高保真自动建模、地理大数据挖掘与泛在时空数据分析、新一代 GIS 平台架构和计算模型、地理信息可视化等方面取得了显著的成果。在理论探索、技术突破、平台研发、科学发现方面做出贡献，为拓展地理信息科学内涵、发展地理信息科学研究方法和建立地理信息系统平台研究提供了新模式和新范式。

　　"新一代 GIS 平台关键技术"丛书由南京师范大学虚拟地理环境教育部重点实验室等部门组织撰写,主要由从事新一代 GIS 平台开发的一线学者和骨干成员完成,其内容是我们多年研究进展和成果的系统总结与集体结晶,并通过专著、编著的形式持续出版,以期促进新一代 GIS 平台关键技术的原始创新、关键核心技术方法发展和实际应用,为打造自主可控的国家空间信息基础设施和基础软件平台提供系统性的新思想、新理论、新方法、新技术、新产品、新标准和新模式,也为新 ICT、大数据、自动驾驶和人工智能等新技术落地应用和地理信息技术支撑国家治理、国防安全和社会发展提供新的智慧和经验模式。

南京师范大学地理科学学院教授　闾国年

2021 年 11 月 5 日

于南京

前　　言

基于矩阵理论的时空场数据分析在支撑复杂地理对象表达、高维时空耦合特征分析和海量数据计算时存在局限性。为了寻求新的数学理论，开展可支撑多维多时空场数据分析的数据表达、分析和计算方法研究，建立形成多源高维地理时空场数据的统一表达、分析和计算框架，是提升现有时空分析表达能力、分析效率及应用水平的可能途径。

张量是矩阵的高维扩展，是具有明确数学含义并可直接支撑数学计算的高维数组结构，为地理时空场数据模型构建提供了原生的支持。张量以维度运算为基础，具有较好的维度拓展特性和多维融合特性，可用于多维时空的统一组织、表达和操作，并可进行多维融合视角下的时空场数据的特征解析。现有的统计学方法、微积分及信号处理方法均可在该框架下进行重构，从而为现有地学分析模型向张量框架下的扩展提供坚实的理论基础。基于张量分析相关理论，不仅可建立多维耦合的地理时空分析框架，还可借鉴和继承现有算法与模型，在地理现象和地理过程的表达、分析与建模方面取得突破。

在国家自然科学基金 (42001320，41976186，41625004, 41971404) 等资助下，作者以"基础理论研究—核心算法实现—典型案例应用"为主线，尝试将高维分析的张量理论引入地理时空场数据分析方法。基于张量结构的多维融合和多维拓展特性，实现对多维规则和非规则时空场数据集的一体化建模、压缩存储、操作更新与检索查询。面向不同应用目标，从构建思路、整体架构和实现方法角度入手，构建算子化、函数化、模板化的自适应地理时空场数据计算框架，提出地理时空场特征测度、特征分析和数据计算的张量算子抽象方法，实现时空场数据基本测度、分析功能和业务流程在自封闭的张量系统下的统一构建。在应用研究方面，面向特征分析的地理应用，以气象再分析数据为基础，验证对于稀疏数据的多尺度特征解析、多分辨率的稀疏插补、高维时空场数据压缩和多视角综合的微弱信号提取等方面的分析能力。

本书是集体劳动的结晶，研究工作由李冬双、罗文、俞肇元和袁林旺共同完成。李冬双、罗文和俞肇元负责统稿，其中 4.2 节和 4.3 节的实验和图件由王健健主导完成。硕士研究生邹宇、刘袁、滕玉浩、吴玉榕、杨晨、董倩、潘东来、胡旭、孙玲玲等也参与了部分工作。感谢南京师范大学计算机学院胡勇老师提供了相关的研究素材。作者的研究工作得到闾国年教授的鼓励和大力支持。作者还得到了南通大学张季一博士的支持与帮助。在此一并致谢！

　　综览张量分析的特色、优势与国内外相关领域的研究积淀，将张量分析理论引入地理时空场分析研究是有前景的研究方向。但受作者水平和时间所限，目前所做的研究工作仍是初步的和尝试性的，尚待今后进一步深化和完善，也恳请专家和读者批评指正。

作　者
2021 年 7 月

目　　录

第 1 章 绪 论

1.1 时空场数据分析的发展需求

时空场数据可以有效表达大范围连续和离散的地理现象及其演化过程，从而精细、全面、多样、实时地刻画涵盖自然与人文地理要素的地球表层系统，具有广阔的应用前景。空间及对地观测体系、物联网技术及全球变化模拟等领域的快速发展，极大地拓展了地理数据的外延与内涵，形成了跨越大时空尺度、涵盖高维度变量、拥有复杂的结构边界与形态模式的非规则地理时空数据集，如属性各异的高维、非结构化、持续更新的传感器序列、遥感影像等。高维地理时空场数据所具有的海量性、多维性、复杂性和面向分析等特点，使得管理和分析上述数据成为现有地理信息系统 (GIS) 的重要瓶颈。

长期以来，GIS 在面向 "场" 的相关应用中，通常采用二维、三维、时态离散格网等方式组织与管理数据，导致了对地理时空场数据的运算、分析、表达效率不高。伴随着信息技术和对地观测网络等的发展，地理时空场数据正经历从低维到高维、从静态到动态、从小数据到大数据、从结构化向非结构化的转变，以泛在网络、全球时空信息和时空大数据为表征的新型 GIS 已初见端倪，不仅体现在数据量和数据复杂度的激增上，更表现为海量化、动态化、持续更新、非结构化、异质化等一系列的数据特性及其需求的技术体系的转变。这就要求地理时空场数据的表达模型、组织管理、数据存储和检索查询也应适应时空场数据的这种转变，需要能够有效支撑高维数据的时空一体化表达、海量时空数据的压缩存储与高维数据的按需组织、动态更新和快速检索。

对海量、动态、非结构化的多源时空数据的时空分析是 GIS 的核心功能。对时空场数据进行时空分析，旨在借助计算机与数学手段量化分析地理数据的空间关系与模式，从时空数据中发现规律和异常、分析关联和探究机理，并进行预警和预测。目前，主要的时空过程统计分析方法包括经验正交函数 (empirical orthogonal function, EOF)(Zhang et al., 2020)、奇异值分解 (singular value decomposition, SVD)(Alter et al., 2000)、典型相关分析 (canonical correlation analysis, CCA)(Jia et al., 2018) 等，该类方法已在海洋、气象、测绘等研究领域得到广泛应用。然而，EOF 等分析方法主要基于矩阵计算来实现对高维时空数据的降维处理，容易给出没有物理意义或物理意义不明晰的模态，在时空型局部特性揭示上也显得能力不足。同时，矩阵的二维特性也使上述方法无法整体解决具有时间–空间和属性结构，或具有不规则边界和坐标系统的时空数据的特征解析及过程重构问题。鲜见从底层数学基础上对多维数据特征解析与动态表达的直接支撑，导致在数据分析上容易面临多维运算的不统一、时空维度的非对称和时空特征不一致等问题。

对海量时空场的分析需要兼顾均质和异质、单尺度和多尺度、强特征和弱特征的综合集成分析。近年来，随着信号分析方法的成熟，神经网络、核平滑、流形学习等非线性算法与传统时空过程分析方法的逐步结合演化出诸如 NLPCA/KPCA (Geng and Zhu, 2005)、NLSSA(Broschat, 1997) 和 NLCCA/KCCA(Zheng et al., 2006) 等部分非线性、非参数的时空过程分析方法。基于气候–海洋耦合模式的要素场及环流的非线性结构解析与重构也得到了长足的发展 (Guo et al., 2009)。上述方法促进了时空过程特征解析的精确性与有效性，并在特定领域的研究中表现出一定的优势。然而，各类信号处理方法主要基于均质假设，对数据高维且不对称、强时空异质性等非规则特点的地理时空场数据，如属性各异的高维、非结构化、持续更新的传感器序列、不规则多边形/多面体格网场等的支撑能力相对薄弱，一般也只能提取数据整体的宏观结构特征，对于局部变异较强的时空场数据的特征提取与模态识别能力较弱。而对于地理学机理模型而言，其多是基于微分方程、有限元等连续解析模型加以构建，使得大量非规则时空场数据无法直接服务于模型的运行与分析，往往需要通过复杂的数据同化等操作进行参数估计和分析运算后才可支撑模型运算，在增加时空场数据运算复杂度的同时加大了地学分析的误差和不确定性。

时空分析和计算需要大量计算资源，数据维度的急升所导致的 "维度爆炸" 和 "空空间" 问题不仅大幅增加了数据量与处理难度，更导致现有的 GIS 时空分析与计算技术的低效化和无效化 (熊李艳等, 2018)。现有主要分析方法多基于矩阵代数，在数据分析时往往需要将多维数据映射至低维空间，进而基于矩阵数据进行数据遍历，导致其可支撑的数据规模相对较低，效率也难以提升。多数已有的统计分析方法难以直接支撑并行计算，不仅其计算过程容易受到内存等存储容量的限制，而且复杂的参数估计过程也进一步增加了算法的复杂度。

现代数学具有高度抽象的表达与运算空间，可以有效利用数学结构所内蕴的对复杂结构的表达能力实现对数据模型、特征分析和高效计算的原生支持，并可为海量时空场数据的计算提供分析算子与计算工具。张量是高维数据表达和计算的理想结构，为高维地理表达和复杂地理计算提供了有效支撑。已有学者将张量用于地学分析，包括时空场的数据组织和信息挖掘 (Lee, 2012)，并有望为结构复杂的非规则数据特征分析方法的构建提供新的思路。然而，传统的张量分析一般要求不同维度相对对等，较难处理具有不规则边界及有缺失值的情况，也难以处理具有异质性和维度非对称特性的非规则时空场的特征解析与高效计算问题,难以在统一的高维数学空间中实现地理场景、时空关系和时空特征的融合表达与高效分析。从多维综合分析的视角,利用多模式张量分解的多维耦合分析能力,有效整合稀疏张量、张量卷积、张量子空间等新型张量分析方法,建立不同类型的非规则时空场数据统一张量分析框架,进而对现有多维时空场数据分析进行非规则拓展与扩充,发展以张量为基础,数据模型、分析模型和计算模型有机融合的新型张量时空场数据分析方法是解决上述问题的重要途径。

本书从张量分析的数学理论基础出发,从数据模型、分析方法、计算模型等方面系统构建新型张量时空场数据分析方法。在数据模型层面,通过以张量结构为基础,利用其自身的多维支撑与维度拓展特性,实现了对多维规则和非规则时空场数据集的一体化建模、压缩存储、操作更新与检索查询。分析方法上,在对传统多维数据特征解析方法系统进行梳理的基础上,对常规张量分析进行拓展,构建面向规则及诸如稀疏、维度非对称和结构异质性等非规则时空场数据的特征解析方法。在计算层面,充分借鉴从向量分析、矩阵分析到张量分析的发展实现从关系数据模型向以多维数据立方体为主的多维数据集的表达与计算进行转变,建立相应的算子算法集,构造面向不同应用目标的多维时空场计算模板,从而突破基于张量的多维地理时空场数据组织管理、特征分析和高效计算的关键技术,提升地理时空场数据的管理和分析能力。

1.2 张量及其应用

1.2.1 张量分解与张量计算

张量是矩阵的高维扩展,是具有明确数学含义并可直接支撑数学计算的高维数组结构,也是高维数据组织与存储的主要形式之一。以张量结构为基础,利用其自身的高维表达与坐标不变性 (俞肇元等, 2011),可以很好地实现对多维数据集的概念建模。张量积、外积、内积、张量缩并 (contraction) 等张量的基本运算,为多维数据集的操作提供了简洁优美的代数原型。而张量分解和基于张量的函数逼近、微分方程求解等方法则为多维海量数据集的快速分析与计算提供了数学工具。

随着多线性代数、张量代数等数学理论的发展,以及诸如交替最小二乘法 (alternating least squares, ALS)、高阶奇异值分解 (high order singular value decomposition, HOSVD) 等方法的提出,两类典型的张量分解模型 PARAFAC 和 Tucker N 模型得到了广泛应用。PARAFAC 模型类似传统的主成分分析的高维扩展,其分解结果表现为对原始数据的近似逼近 (Harshman, 1972),而 Tucker N 模型则利用给定阶数的低阶核矩阵 (core matrix) 及其对应的系数序列来表达不同维度间的配置特性和相互作用关系。在上述两类模型的基础上，针对不同分析需求发展了一批高维扩展模型，其典型扩展包括 cPARAFAC(Mørup and Schmidt, 2006)、PARALIND(Chen et al., 2013)、Shifted Tucker 3(Harshman et al., 2003)、HOSVD(De Lathauwer et al., 2000b) 等。与此同时，更多新兴的模型被引入高维阵列数据分析中，如多线性引擎模型 (Paatero, 1999)、STATIS 模型 (Stanimirova et al., 2004) 及多块多路模型 (Stamatopoulos and Di, 2015) 等。由于张量分解可直接实现对高维数据的低维表达，有效降低高维数据处理与分析的复杂度。以主张量分解为代表的张量表达、逼近与分析方法，具有更好的结构保形性，有助于揭示多维时空数据不同维度间的耦合作用关系，有效降低数据量，以有效支撑海量数据的特征解析与提取。

　　传统的张量计算多通过定义张量的双线性或多线性映射和线性展开加以实现，进而在此基础上构建优化函数，利用迭代优化加以求解 [如 slice projection (Wang and Ahuja, 2008a)、multislice projection(Ding et al., 2014)、PMF3、Levenberg-Marquadt algorithm(Gourvénec et al., 2005)]。由于迭代优化方法容易存在局部最优，且计算的时空复杂度均相对较高，上述方法在算法速度、模型拟合、参数敏感性和模型的可预测性方面仍存在较大的提升空间。面向海量时空场数据的分析与计算效率问题也逐渐引入了诸如 matrix product states (MPS)(Bengua et al., 2017)、张量流分解 (Yuan et al., 2019)，以及大规模输入秩情况下函数相关张量的 CP-Tucker(C2T)、Tucker-CP(T2C) 分解和多重网格 Tucker 近似等算法 (Khoromskij and Khoromskaia, 2009)，并在大数据分析方面得到了很好的应用。但张量自身结构的抽象性、运算的复杂性及现实世界数据的复杂性，导致缺乏从数据组织、特征解析和可视化表达整体分析流程上基于张量分析的综合应用系统。尤其缺乏有限存储下对数据的张量组织与压缩存储及利用有限的运算资源实现海量数据的快速计算与分析。因此，仍需在基于张量的数据表达与运算方面展开进一步研究。

1.2.2　张量在多维数据分析中的应用

　　张量是高维数据阵列组织与存储的主要形式。在实际应用中，许多信号因具有多线性而呈现出高维张量的形式，并可通过张量分解提取不同维度间的耦合嵌套结构。近年来发展了一系列的张量分析模型，并得到了广泛的领域应用。从领域应用上看，张量分析现阶段主要集中在化学 (Khoromskaia et al., 2012)、神经科学 (Listed, 2005) 和数据挖掘 (Kolda and Bader, 2009) 等领域。Andersen 和 Bro(2003) 综述了 PARAFAC 模型对质谱数据的建模，指出 PARAFAC 模型具有二阶优势，从而使得对于具有非矫正因子的计量化学分析成为可能。在神经科学方面，多维阵列数据分析方法可以对 EEG(electroencephalographic) 及

FMRI(functional magnetic resonance imaging) 对时间采样、频率组分和不同通道信息进行综合，从而获得神经活动的时间、空间及频率特征。例如，Andersen 和 Bro(2003) 利用多维数据阵列分析方法提取 FMRI 数据中的潜在模式。Mørup 和 Schmidt(2006) 综合 PARAFAC 及小波分解对 EEG 信号进行了分析，有效提取了大脑活动的各类潜在动力模式。

近年来，随着数据规模的不断增加，张量对高维数据的原生表达与分解建模为基于张量的大数据高性能计算提供了全新思路与途径，在多维数据的组织管理和特征分析方面，张量方法被用于语义高精度检索、多维数据可视化分析框架构建等方面，并在检索效率和精度等方面显示出较传统方法明显的优势 (Liu et al., 2019)，包括基于张量的多姿态人脸表情合成、识别和步态识别 (Tian et al., 2012)，多尺度张量空间的图像视觉显著性特征提取等方面。在文本挖掘领域，Bader 等 (2008) 利用张量分解方法提取了电子邮件信息语义关系图的时间演变特征；Meng 等 (2003) 基于 PARAFAC 模型提出了一种大批量过程的在线动态监测系统；Stanimirova 等 (2004) 利用 STATIS 模型构建了可支持在时间方向上具有不同维度数的三维数据阵列的过程控制模型。

2009 年，美国国家科学基金会 (NSF) 举办了 Future Directions in Tensor-Based Computation and Modeling 的论坛，汇集了多名来自数学、物理学、生物学和信息科学领域的专家，探讨了基于张量分析的主要问题与解决途径，并指出基于张量的思考与计算将成为未来 20 年主流的思考与分析模式 (Acar et al., 2009a)。同时，论坛指出避免维度灾难、高效的张量分解算法、处理稀疏和对称张量、基于张量的非线性优化及有效的计算机软件与算法实现是张量分析主要挑战，也是实现张量应用的关键所在。

1.3 时空场数据的组织与表达

场数据是地理对象数字化表达的基本形式之一，一般适用于描述连续变化的对象或现象，传统的地理场数据多用于表达环境数据分布、特征指标的统计分布及地学现象概率分布等，时空场数据则是在上述特征上增加时间属性，从而增加了数据组织和表达的复杂性。从时空场数据分析的流程上看，时空场数据的组织管理面临对海量时空数据组织存储、操作检索、分析计算和可视化表达四重需求。时空场数据组织和表达的模式应能兼顾不同的时空场应用需求，进而在组织管理效率、计算分析能力和设计实现复杂度之间取得平衡。

根据数据本身的特征和具体的分析需要，常采用的时空场数据组织方法有：时空立方体模型和点云模型。时空立方体模型可看作是由一系列规则栅格堆叠而成的多维矩阵，边界规则、结构一致的二维和三维时空场多以多维数组形式加以存储。由于 "空间"+"时间"≠"时空"，因此现有的基于时空分离的数据模型，难以完全实现对复杂地理对象与连续地理现象的表达，以及对时空过程的分析、建模与模拟 (尹章才和李霖，2005)，并且该模型在对象检索、不同维度对象重组及数据分析等方面均具有较高的复杂度，不利于向高维扩展。点云模型类似于时空点对象，为包含多个属性值的多维点集结构，该结构设计使得点云结构可有效地进行维度扩展和组合，但由于各质点间的关系模糊、结构性差，不利于分析方法的构建 (Tam et al., 2012)。

　　张量是矩阵的高维扩展，可用于进行多变量、多坐标系统对象的统一表达。张量原生的多维表达特性为时空场数据的表达提供了原生的数学支撑。在支撑时空数据分析方面，物理学、工程应用等领域基于参数的场的表达与分析得到了较大的发展 (Hur et al., 2007)。这类分析通常将物理场数据表达成具有显著物理意义的张量结构，如应力场的张量表达、微分流形的张量表达。同时以层次化组织的HTucker(Kressner and Tobler, 2012)、Tensor-Training(Gao et al., 2015) 等方法将高维时空场转换成低维的张量或矩阵，通过树状结构或网络结构实现对海量高维时空数据的组织存储，并能支撑数据压缩和时空分析计算。上述工作为高维时空过程的解析提供了新的途径；然而，地学数据时空维度的明确性与非对称性、数据边界的模糊性与非规则性及坐标系统的多样性，限制了上述方法在地理现象时空过程解析与重构中的应用。

　　不同的地理分析模型采用了不同的空间数据抽象视角和建模方法，导致数据模型概念结构不同，并反映在具体的数据库模式中。近年来，矢量、栅格、时空和流数据等多模式海量空间数据的无缝集成和一体化表达，对面向大数据应用的Hadoop(White, 2012)、BigTable(Chang et al., 2010)、MongoDB(Plugge et al., 2015)、Memcached(Lim et al., 2013) 等新兴数据组织与管理技术进行改造与扩展等方面均做了一些不错的尝试，但总体上未能有效地解决非规则数据的组织和处理的瓶颈问题。非关系数据库摒弃了关系数据库的 ACID 模型，利用松散的、非规则的方式进行数据的组织与存储，这种数据存储不需要事先设计好表的结构，也不会出现表之间的连接操作和水平分割，因而具有高可用性、高可靠性和高性能。陈超等 (2013) 基于 MongoDB 的非关系型数据库构建了金字塔的瓦片数据存储的研究，验证了非关系型数据库在海量遥感数据的导入速度和并发处理性能方面的优势。Yang 和 Yong(2020) 提出了基于 Spark 的三维张量分解算法 InParTen2，实现了在流式计算大数据平台上的数据动态组织与存储管理。Stefan 等 (2018) 研发了动态张量分解和基于窗口的动态张量分解，实现了对实时动态更新的物联网传感器的数据组织与管理。

　　随着海量、多源、异构数据的出现，急需一种统一的数据框架实现多源海量数据的集成建模。张量结构为一体化的数据表示、降维、关系建立、数据排序和数据检索提供了有效的支持 (Kuang et al., 2015)。现有的张量操作模型主要分为数据查询、数据追加、尺度变换、数据合并、特征提取模型。面向海量多维数据的检索与查询，利用张量分解、多重张量积、张量函数、张量场模型等张量数据结构，通过寻找张量逼近的近似核心结构实现基于张量结构的大规模数据、动态数据、资源描述框架 (resource description framework, RDF) 数据等类型数据的查询与检索 (Ben-Sasson and Viderman, 2015)。面向多源异构数据的分类与查询检索应用，通过张量分解结合神经网络 (Hong et al., 2019)、潜在语义相关模型 (Wang et al., 2017a)、机器学习等其他领域的方法，可以识别在张量结构中的潜在特征信息，提高结构化数据的检索与查询能力。

从向量分析、矩阵分析到张量分析的发展为从以 tuple、table 为主的关系数据模型进化为以多维数据立方体为主的多维数据集的表达与计算提供了参考与借鉴。多维时空立方体模型作为时空场数据表达的有效工具，与张量结构具有内蕴的结构一致性，并具有存储密集、数据冗余度小等优势，从而可更好地实现不同维度的数据透视、检索与变换操作，也便于时空数据可视化。以张量结构为基础，利用其自身的高维表达与坐标不变性，可以较好地实现对多维非规则数据集的概念建模。以稀疏张量分解为代表的张量表达、逼近与分析方法的迅猛发展，提供了多维非规则时空数据的低阶逼近方法。利用张量的多维表达能力，建立多元时空场数据的张量组织结构，进而利用张量的多模式分解和维度运算特性，构建时空场数据在时间域、空间域及时空域的综合分析模型，有望利用张量的表达和便于计算的特性实现对时空场数据组织存储、特征分析和高效计算的有效统一。因此，张量理论有望在整合时空及不同属性维度、不同类型的非规则时空数据特点的基础上，实现高效的、具普适性的、多维融合的地学时空数据的特征分析与建模。

1.4 时空场数据的特征分析方法

目前的时空特征分析方法主要基于经典统计学方法，以 HOSVD、经验正交函数 (EOF)、典型相关分析 (CCA) 等为代表的时空统计分析方法，利用高维数据在低维空间上的数据投影，得到其在统计意义上的主导成分，进而实现地理现象的空间分布、格局识别及时空模态的估算，并且以其简洁的公式表达和直观的解释在海洋、气象等领域的时空分析中得到了广泛的应用。虽然这类统计学模型简单易行，意义直观，但这些模型多是基于全局结构进行降维的线性方法，而诸如密集稀疏点云、维度不对称的高维非规则数据，其特征往往表现出非线性特性，使得张量方法在应用于这类非规则数据分析时，容易给出物理意义模糊的模态，或者很难直接对应到实际的物理解释。近年来，随着信号分析技术的逐渐成熟，基于核平滑、流形学习和神经网络等非线性算法，一系列用于时空分析的非参数、非线性时空分析方法得以发展 (如 NLCCA/KCCA、NLPCA/KPCA 等)，并在气候-海洋耦合模式的要素及环流的非线性特征提取与分析中得到了很好的应用 (Tsonis et al., 2003)。而为了更好地利用数据内部的高阶统计特征，诸如 SOBI(second-order blind identification)(Abed-Meraim and Moulines, 1997)、ICA(independent component analysis) 等方法也被用于地理数据的时空分析。相较于传统的统计方法，这类方法削弱了对于原始数据先验分布的假设，具有较好的结构保形性和计算稳定性 (Edwards et al., 2008)。此后虽然发展了诸如 4D-HEM(四维谐波提取法) 等高维时空场数据分析方法，但由于时空大数据的时空耦合及地理关联特性，传统的时空数据挖掘方法难以高效地进行时空解耦与地理分解 (钱程程和陈戈, 2018)。

近年来，深度学习、人工神经网络、支持向量机、非线性参数估计等数据挖掘技术也逐步被引入时空数据的模态分析中，并在地表气温模态 (Liu et al., 2019)、具有连续空间随机效应的气候模态 (Laurini, 2019)、海表温度异常模态 (Guo et al., 2017) 等非线性、非平稳时空模态的建模中得到了广泛应用。这类方法削弱了对于原始数据先验分布的假设，具有较高预测精度、稳定性和低信息冗余度，有研究指出将物理过程模型与数据驱动的机器学习等数据挖掘技术相结合，可有效改善季节性预测能力和跨越多个时间尺度的时空模态的建模能力 (Reich-stein et al., 2019)。在可视化特征探测方面，相关研究主要集中于对不同要素三维和动态过程的可视化。随着数据体量的继续增大，人们对可视化表达效能提出了更高的要求，也进一步发展出采用 GPU 加速 (Ma et al., 2010) 的方法。此外，也有学者从可视化流程与建模的角度构建了地理时空场特征探测的工具集 (魏建新等, 2009)。

近年来，以深度神经网络为代表的机器学习模型被广泛应用于时空数据分析。如卷积神经网络 (CNN)(Ren et al., 2016) 通过对图像的卷积操作实现对图像多尺度特征的解析，极大地提升了对图像及视频等时空场的解译和识别精度。诸如深度森林模型 (James et al., 2016)、偏差校正随机森林模型 (Li et al., 2020)、VGGNet 模型和联合模型 (VGG16+ Mask R-CNN) 等深度学习模型，被开发并应用于高分辨率遥感影像解译、监测、分类和高光谱信息挖掘，显著提高了传统回归方法的精度、效率和泛化能力，并表现出了更强的适应性和鲁棒性。如 LSTM(Greff et al., 2016) 等时间序列模型和时空场数据结合，从提升模型的预测精度和加快模型收敛速度出发，通过多模乘幂、取消迭代过程的负项等方法得到主特征张量，从而进行平稳预测。冯思芸等 (2021) 的研究证实了相较于传统模型，在引入融合多尺度空间特征、并联矩阵等方法后，均方根误差和预测效果都得到了显著改善。

无论是统计学方法、数据挖掘方法，还是动力模拟方法，在数学层面都依赖于二维矩阵计算，因此这类方法大多针对一维或者二维数据，在面向高维时空数据分析时，很难同时兼顾时空数据的空间-时间的多维属性结构。这类分析方法的部分高维拓展，通常是将高维数据展开为二维矩阵或者一维向量数据再进行分析，这样不仅破坏了高维数据的内在结构性或相关性，而且会生成过大向量，难以估计且增加内存占用 (Gao et al., 2015)。诸如神经网络等机器学习方法虽在特征的解析和表征上取得了长足的进步，但也带来了计算量和计算复杂度的激增，使得整个模型更多表现为几何和物理机制不明确的黑箱模型，为模型的应用带来了一定的不确定性。同时，这类方法多是基于规则数据整体进行运算，对于结构异质的非规则数据，仍存在可解释性不强、局部特征不明显等问题 (Rosa and Seymour, 2014)。地理数据的复杂性，进一步导致参数设置复杂、结果筛选与验证等问题。发展时空大数据多维多尺度关联分析与群组用户协同认知的新模式，突破海量时空数据的知识表达与事件感知，时空变化发现与认知计算、分类选择与智能搜索等成为当前时空场数据分析的前沿领域。

张量可以原生表达高维数据，并可通过张量分解提取不同维度间的耦合嵌套结构。不同于主成分分析、线性判别分析等经典特征提取方法在处理高维数据时采用的向量化操作，张量分析直接以原始高维数据为数据原型，能够保持高维数据的内在结构。而以主张量分解为代表的张量表达、逼近与分析方法的迅猛发展，提供了多维时空数据的低阶逼近方法，其在数据构型上对多维数据进行全局逼近，表现出更好的结构保形性，有助于揭示多维时空数据不同维度间的耦合作用关系。以 HTucker、Tensor-Training 为基础的时空场动力过程分析，以张量结合微分方程/偏微分方程对时空场动力演化过程进行表征，进而实现了对高维时空过程的动力学建模，并应用于数据分类、图像解析和气流动力学分析等。随着人工智能特别是深度神经网络和卷积神经网络的快速发展，发展了以张量为基础的时空场自动微分和计算的一系列流程体系。如 Tensor 计算图模型和张量图卷积网络 (TGCN)，用于与图集合相关数据的可扩展半监督学习，可有效缓解参数的过拟合，并具有较好的鲁棒性 (Ioannidis et al., 2020)；Wu(2021) 开发了一种结构化的判别张量字典学习方法 (SDTDL) 以进行无监督学习，该方法对多维有限样本具有更好的分类精度。张量的多尺度特征提取方法也被广泛应用于图像特征提取和高光谱图像降维等方面，如利用张量结构结合正则化表达 (Prasath and Thanh, 2021)、字典学习 (Soltani et al., 2016)、非线性结构 (Wang and Feng, 2008b) 和低秩分解 (An et al., 2019) 等，这类方法可用于单尺度结构张量的扩展，不仅保持了图像边缘结构和细节特征，避免了复杂的秩计算，也更好地实现了图像的降维。已有研究表明，以张量为基础进行机器学习模型的几何和物理机理的解释也是当前时空分析的前沿领域，并且多数模型可以实现更稳健、更高精度、结构适应的多尺度特征提取。

张量在统计分析、物理学、人工智能等领域的成功应用，为地理时空场的张
量分析提供了很好的借鉴。以张量为基础，构建面向不同类型地理时空场的特征
解析和分析模型，突破一般张量方法在应对诸如稀疏、维度非对称和结构异质性
的非规则化时空数据所可能面临的维度拓展困难、信息缺失、参数估计复杂等一
系列问题，有助于实现地理时空场特征的多视角、全过程和动态化的解译和重建，
从而为海量高维数据的分析提供严密的理论与方法基础。张量分解能够很好地提
取张量数据结构中的潜在结构特征，不仅包含大尺度结构特征，也包含精细结构
特征分布 (Frelat et al., 2017；Huang et al., 2015)。近年来，诸如张量块分解模
型的发展，为从不同维度组合的视角揭示维度非对称的非规则时空场数据特征提
供了很好的借鉴。而张量子空间理论的发展则为局部结构显著的结构异质非规则
数据的特征揭示提供了很好的理论基础。以张量分解方法为基础结合线性判别分
析 (Chen, 2014)、低秩稀疏张量 (Liu et al., 2020)、聚类 (Ranjbar et al., 2018)
和拓扑分析等分析模型成为当前研究的重要热点。

1.5   海量时空场数据的存储与计算

海量时空场数据处理相关的流程主要包括数据组织存储、检索、分析、可视化
和传输共享等，其中数据组织存储主要包括基于文件及基于数据库两种不同的方
式。基于文件的数据存储主要包括 NetCDF、HDF 等，主要通过对时空场维度信
息进行标定与索引后，基于平面文件或层次文件的方式加以组织与管理。而在数
据操作上，则主要通过定义文件接口与操作协议来完成。近年来，面向海量数据的
全球共享，也发展了诸如 Parallel NetCDF(Li et al., 2003)、OPeNDAP(Cornillon
et al., 2009) 等数据存储与获取方案，在一定程度上拓展了基于文件的海量时空
场组织与操作的能力。而基于数据库的时空场数据处理主要基于时空立方体模型
或 N 维 Array 模型，如 SciDB(Stonebraker et al., 2013) 等提供了复杂的 Array
操作算子，实现了对海量多维数据的操作与运算，部分解决了数据存储与操作问
题。以 MongoDB 等为代表的 NoSQL 数据库也在时空场数据库的组织与表达方
面得到了应用，并在检索性能等方面取得了一定的优势。突破 SQL、NoSQL 及
大内存与并行文件系统的分布式协同存储管理关键技术，支持结构化、半结构化
和非结构化等异构数据在全局系统中的统一高效管理 (通过语义感知降维将大数
据变小)，成为当前海量时空数据组织的前沿领域。

并行计算是提升海量时空场数据分析的主要途径之一，现有 GIS 对时空场并
行计算的研究重点仍集中于影像数据的并行处理。其研究主要包括：① 开发高性
能并行算法，形成可部署于并行计算环境中的并行 GIS 软件包。② 利用并行计算
环境提供的强大计算能力实现并行空间分析算法，以提高空间分析算法的运算效

率。由于时空场数据需要同时处理结构化和非结构化、拓扑与非拓扑、属性数据和时空关系等多方面信息，在面向海量、多源、具有时态特征空间数据的索引、调度的问题更为突出，在并行化的数据 IO、可视化与分析方面面临一系列的问题。近年来，随着诸如 Hadoop(White, 2012) 等数据密集型计算框架的快速发展，诸如 HDFS(Hua et al., 2014)、MapReduce(Dean and Ghemawat, 2008) 等技术也被引入时空场数据分析中，并发展了一系列高度并行化的时空场数据组织与分析平台。面向时空场分析工作流的整合，Kepler 系统实现了 Hadoop 与时空场数据分析流程的有机集成，并通过 MapReduce 实现了时空场数据分析的高度并行化(Altintas et al., 2006)。以 TerraFly 为代表的新一代海量地理空间数据管理，可以实现矢量和栅格数据的连续可视化，并可通过空间知识索引实现数据的快速检索 (Zhang et al., 2015)。近年来，随着对高速流数据 (如传感器网络、视频等) 处理的日益增多，以 Spark 等为代表的流式数据处理在时空场数据中也开始得到日益广泛的应用 (Zaharia et al., 2010)。

以云计算为代表的新一代网络计算环境，可以进行海量数据的分布式存储、计算和搜索，通过众多计算机在计算能力、存储能力、程序功能上的互补，形成一个庞大计算机群体来实现海量时空场的协同处理 (Vouk, 2008)。简单将现有时空场数据组织、分析和计算模型进行并行化、云计算化只能在一定程度上提高运算能力和数据吞吐量，无助于实现对真实世界的高效分析与表达。因此，解析多维时空数据与计算 "粒度化" 及其 "松耦合" 特征，整合与统一多种数据结构和表达形式，研究高可重调用性多维时空 GIS 高效表达、组织与计算方法，设计灵活开发、可维护、可扩展的多维一体时空 GIS 框架体系，突破现代计算环境下 GIS 数据和软件准流水化装配与过程化控制关键技术，实现数据与功能模块的传输与功能组合，建立互相联系、整体有序的空间数据与操作资源云，推动应用的广泛与深入，将代表新一代 GIS 创新与发展的重要方向。

无论是特定的文件格式，还是以 ArrayDB 为代表的海量时空场数据管理，本质上均是在计算机数据组织层面的操作与处理，其在数据压缩、处理及对分析的支撑，尤其是数值分析和复杂统计分析的支撑仍相对不足。Hadoop 一类平台的引入，很好地提升了海量数据处理系统的数据吞吐量与运算效率。然而，由于编程模式的差异，诸多成熟的时空场分析模型很难直接继承于上述平台。同时，Hadoop 系统以网络集群为基本对象，难以在单机多核环境下发挥其最佳优势。因此，寻找具有严格理论基础，并可支持高度并行化、高效率的时空场数据表达与分析方法，是提升时空场数据计算效能的关键之一。在基于流式数据的时空场数据处理方面，时空场数据的并行化处理受所采用的数据模型、数据结构、数据存储与管理方式及空间索引机制等方面的限制，使并行算法的设计、任务的分解、并行程序间的通信、计算结果的汇总与归约等方面并没有针对数据自身特征，在并行处理过程中易于破坏实体对象的完整性和一致性，并导致数据存取与处理操作的不精确和不完整。

张量的低阶逼近不仅有效降低了数据量，同时也为海量数据的特征解析与提取提供了关键性的技术支撑，从而为基于张量的大数据高性能计算提供了全新的思路与途径。目前的张量计算模型大多围绕张量分解展开，而现有的分布式张量分解方法往往代价较高。例如，基于 Hadoop 的分布式张量分解算法往往需要较长的迭代时间，而基于 MATLAB 的分解方法无法处理大数据。Yang 和 Yong(2020)提出了基于 Spark 的三维张量分解算法 InParTen2，该算法降低了分解成本，提升了现有方法的解算速度并可用于大张量。Xu 和 Huang(2021) 在 S2VT(视频到文本) 模型中使用 TT 分解显著降低了模型的参数和内存，并能保持高精度和最佳性能。在深度神经网络 (DNNs) 领域，为减少计算资源的需求，特别是存储消耗，几种张量分解方法包括张量列 (TT) 和张量环 (TR) 被应用于压缩 DNNs，并具有一定的压缩有效性。例如，2017 年 Lars Grasedyck 将权重矩阵重塑为 TT 张量格式来压缩 3DCNNs 中的 3 个卷积核，实现了高压缩比并且降低了精度损失 (Grasedyck and Löbbert, 2018)；而 Wu 在 2020 年引入了层次塔克 (HT)，研究表明 HT 格式适合压缩权重矩阵，而 TT 格式更适合压缩卷积核，并提出了一种混合张量分解策略来获得更好的精度 (Wu et al., 2020)。

第 2 章　张量运算与分解

　　地理时空场数据是由时间维、空间维和属性维等多维支撑的有序高维数据,常见的多维时空立方体模型是表达时空场数据的有效工具。而张量结构作为二维矩阵数据在高维空间中的推广,本质上是一个多维数组,其与时空立方体结构具有内蕴的结构一致性。张量分解提供了多维时空数据的低阶逼近方法,其在数据构型上对多维数据进行全局逼近,表现出更好的结构保形性,从而为高维地理表达和复杂地理计算,以及多维时空数据不同维度间的耦合作用关系的揭示提供了支撑。本章介绍张量的定义和基本算子及常用的张量表达形式和张量分解方法。

2.1　张量的定义

2.1.1　规则张量

　　张量的抽象理论是多重线性代数,在多重线性代数中,张量被称为一个多维数组。在信号分析领域,张量更多的是作为高维数据的天然表示方式,是一维向量和二维矩阵在更高维空间中的推广。对于一个三维张量 X 可以表示为 $X \in \mathbb{R}^{I \times J \times K}$,其对应位置上的元素表示为 $x_{ijk}(i \in I, j \in J, k \in K)$,其中 I, J, K 为高维数据在不同方向上数据的总个数,也可以看成不同的坐标方向。在时空场数据中,可以代表诸如时空维度、属性维度等,一般的三维张量如图 2.1 所示。

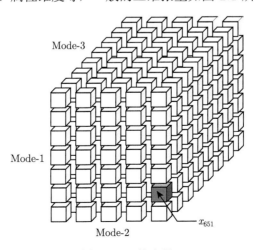

图 2.1　三维张量

在张量结构中，不同的阶可用来表示不同的模态，因此其可以用于直观地表示多模态数据，并且不同模态的张量维度也是不同的，可有效区分地理时空场数据的维度属性差异，从而为多维时空数据的张量组织奠定了很好的基础。

2.1.2   非规则张量

传统的时空场数据以时空栅格数据为主要类型，这类数据边界规则，结构规整。然而，随着数据采集及观测手段的多样化与丰富化，多维密集点云、高维标量场、不规则时空阵列数据等新型时空场数据拓宽了时空场数据的外延与内涵，并形成高度复杂的非规则地理时空数据集 (图 2.2)，表现为：① 数据稀疏且分布不均匀；② 跨越大时空尺度且时空维度非对称；③ 局部结构显著、维度高且耦合作用关系复杂。对这三类非规则时空场数据的具体分析如下。

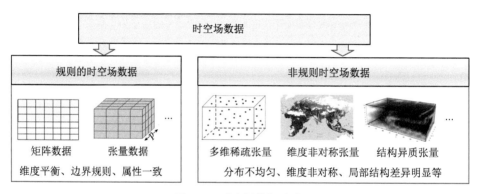

图 2.2   时空场数据分类

在通常的时空数据采集中，单个时间片和空间数据获取相对较易，可以方便地获得连续的采集数据。但在整个时空域中，受观测成本、观测不可重复等原因制约，在三维乃至更高维的时空中对地理现象进行完整的观测和采样的成本和难度极大，只能获得数量有限的时空观测数据，即只能在地理时空的特定位置上获取数量有限的反映地理现象特征属性的观测数据 (Xiong et al., 2013)。

空间异质性是地理现象的天然属性，因此地理时空数据通常具有显著的各向异性，这使得数据在各个维度上的分布结构存在显著差异。一个典型的例子就是时空数据在经度、纬度和高程上的分布显著不同。以温度分布为例，受太阳辐射影响，沿纬度的温度变化在不同区域差异非常明显。然而，经度区域性的差异相对较弱，温度相同的区域可以扩展到数千千米。但是高度上的温度变化非常快，通常每上升 100 m 的高度平均温度下降约 0.6℃(Rubel et al., 2017)。并且，从数据采样的角度来看，时间和空间维度上的数据长度也存在显著差异。对于具有长时间连续观测的时空序列，时间维度上的数据累积总是显著长于空间维度，这也会导致不同维度上的数据分布结构的差异性，进而导致数据维度的非对称性。

受时空异质性的影响，地理现象和地理对象在空间分布和时间变化上往往并不均一，通常某一空间位置的观测数据与周围区域存在一定差异，某一时刻的观测数据与相邻时间段也存在较大差异，即地理要素在时间分布与空间分布上呈现出非平稳性、不均匀性和复杂性。例如，时间连续的气候模式模拟数据和连续观测的多波段遥感数据，这类数据的时空变化规律十分复杂，具有时空局部性的特点，其在不同的区域分布特征和变化趋势都不相同 (图 2.3)。这里将这种局部之间结构特征差异较大的时空场数据称为结构异质的非规则数据。

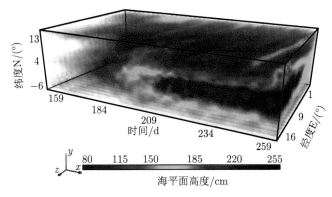

图 2.3　结构异质的时空场数据

2.2　张量的基本运算

2.2.1　张量的向量/矩阵表示

张量的高维特性使张量运算相较于常规的向量、矩阵分析更加复杂，常用的张量操作如下。为解决高维张量结构所带来的计算不便问题，通常的做法是将其展开成矩阵或者向量形式 (谷延锋等, 2015)。张量数据沿着某特定方向的一维分量称为张量纤维，通常表现为向量的形式，如对于一个三维张量 $X \in \mathbb{R}^{I \times J \times K}$，其所有沿第 1 维度的张量纤维分别为

$$
\begin{cases}
X_{:11} = (x_{111}, x_{211}, x_{311}),\ X_{:12} = (x_{112}, x_{212}, x_{312}),\ X_{:13} = (x_{113}, x_{213}, x_{313}) \\
X_{:21} = (x_{121}, x_{221}, x_{321}),\ X_{:22} = (x_{122}, x_{222}, x_{322}),\ X_{:23} = (x_{123}, x_{223}, x_{323}) \\
X_{:31} = (x_{131}, x_{231}, x_{331}),\ X_{:32} = (x_{132}, x_{232}, x_{332}),\ X_{:33} = (x_{133}, x_{233}, x_{333})
\end{cases}
$$

$$(2.1)$$

即固定其两个下标不动，只让其中一个下标变动。通常，三维张量的 1-模纤维称为张量的列，2-模纤维称为张量的行，3-模纤维称为张量的管。而将张量中的元素重新按顺序排列成向量的过程称为张量的纤维操作 (fiber)，如图 2.4 所示。

列(模式-1)纤维   行(模式-2)纤维   管(模式-3)纤维

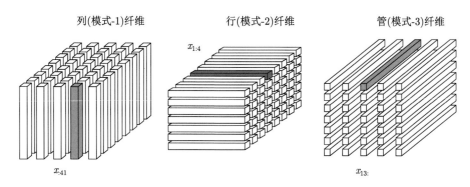

图 2.4   三维张量各个方向上的纤维图

类似于张量数据一维展开的纤维结构，张量数据的二维展开为张量切片，表现为矩阵形式。例如，对于三阶张量 $X = (X_{ijk})$，固定一个下标不动，让张量的另外的两个下标变动，得到矩阵 $X_{i::}$、$X_{:j:}$、$X_{::k}$，这称为张量的一个切片 (slice)，如图 2.5 所示。

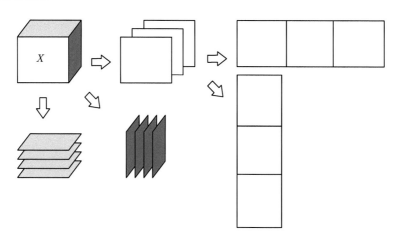

图 2.5   三维张量的切片展开示意图

2.2.2   张量的标量积和范数

类似于矩阵的标量积定义，将其推广到高维即可得到张量的标量积如下。

对于两个张量 $X, Y \in \mathbb{R}^{I_1 \times I_2 \times \cdots \times I_N}$ 的标量积 (内积) 可定义为

$$\langle X, Y \rangle = \sum_{t_1=1}^{I_1} \sum_{t_2=1}^{I_2} \cdots \sum_{t_N} y_{t_1, t_2, \cdots, t_N} x_{t_1, t_2, \cdots, t_N} \tag{2.2}$$

由此，衍生出张量 X 的 Frobenious 范数：

$$\|X\|_{\mathrm{F}} = \sqrt{\langle x, x \rangle} \qquad (2.3)$$

张量的范数常用来判断数值计算中解的收敛性问题，因为解的收敛性通常需要判断张量的特征值的性质，但是张量的特征值的求解比较复杂，因此通过张量的 Frobenious 范数导出张量距离的定义，进而近似代替张量特征值的估计。

2.2.3 张量的外积

对于张量 $X \in \mathbb{R}^{I_1 \times I_2 \times \cdots \times I_N}$ 和 $Y \in \mathbb{R}^{J_1 \times J_2 \times \cdots \times J_N}$ 的外积 $X \circ Y \in \mathbb{R}^{I_1 \times I_2 \times \cdots \times I_N \times J_1 \times J_2 \times \cdots \times J_N}$ 可定义为

$$(X \circ Y)_{I_1, I_2, \cdots, I_N, J_1, J_2, \cdots, J_N} = x_{i_1, i_2, \cdots, i_N} y_{j_1, j_2, \cdots, j_N} \qquad (2.4)$$

若上述两个张量满足条件 $I_n = J_l = I, 1 \leqslant n, l \leqslant N$，则可以将 X 和 Y 在公共索引 $i_n = j_i = i$ 上的外积 $(X \circ Y)_{(i_n, j_i)}$ 定义为

$$\begin{aligned} &\left((X \circ Y)_{(i_n, j_i)}\right)_{i_1 \cdots i_{n-1} i_{n+1} \cdots i_N j_1 \cdots j_{i-1} j_{i+1} \cdots j_N} \\ &= \sum_{i=1}^{I} x_{i_1 \cdots i_{n-1} i_n i_{n+1} \cdots i_N} y_{j_1 \cdots j_{i-1} j_i j_{i+1} \cdots j_N} \end{aligned} \qquad (2.5)$$

由式 (2.5) 可知，$(X \circ Y)_{(i_n, j_i)}$ 中的每个元素都是由 X 的某个 n-模向量和 Y 的 1-模向量的内积运算得到，即张量外积的实质就是多个矢量同时进行内积运算，并按照一定的规则将得到的结果重新组织成新张量的过程 (Khoromskij and Khoromskaia, 2007)。由此可见，张量的外积运算为张量在整体维度扩张运算操作提供了支撑，也为不同维度的时空场张量数据在特定维度上的维度拓展运算提供了可能。

2.2.4 张量的 n-模乘积

类似矩阵运算，不同维度的矩阵间的操作 (二维矩阵和一维向量)，在张量分析中也有不同维度的张量间 (高阶张量与二维矩阵，高阶张量与一阶向量) 的运算操作，其定义如下：

N 阶张量 $X \in \mathbb{R}^{I_1 \times I_2 \times \cdots \times I_N}$ 和矩阵 $U \in \mathbb{R}^{J \times I_N}$ 之间的 n-模乘积 $(1 \leqslant n \leqslant N)$ 可表示为 $X \times_n U \in \mathbb{R}^{I_1 \times I_2 \times \cdots \times I_{m-1} \times J \times I_{m+1} \times \cdots \times I_N}$，其定义如下：

$$(X \times_n U)_{i_1 \cdots i_{m-1} j i_{m+1} \cdots i_N} = \sum_{i_n=1}^{I_n} x_{i_1 i_2 \cdots i_N} u_{j i_n} \qquad (2.6)$$

其矩阵表达形式如下：

$$Y = X \times_n U \Leftrightarrow Y_{(n)} = U_{(n)} \qquad (2.7)$$

张量 $X \in \mathbb{R}^{I_1 \times I_2 \times \cdots \times I_N}$ 与向量 $v \in \mathbb{R}^{I_n}$ 之间的 n-模乘积表示为 $X \times_n v$, 结果是维度大小为 $I_1 \times \cdots \times I_{n-1} \times I_{n+1} \times \cdots \times I_N$ 的 $N-1$ 阶张量, 其元素表达形式如下:

$$(X \times_n v)_{i_1 \cdots i_{n-1} i_{n+1} \cdots i_N} = \sum_{i_n=1}^{I_n} x_{i_1 i_2 \cdots i_N} v_{i_n} \tag{2.8}$$

从表达式的数学含义来看, 该计算的核心思想是向量 $v \in \mathbb{R}^{I_n}$ 与张量 $X \in \mathbb{R}^{I_1 \times I_2 \times \cdots \times I_N}$ 中所有的 n-模纤维的内积运算。可见, 张量的 n-模乘积不仅提供了不同大小维度对象之间的操作, 并且综合考虑了多个维度上的运算操作。这为不同维度大小的时空场数据在不同维度上的运算操作及多个维度之间的耦合关系计算提供了有利的工具。

2.2.5　张量积

张量与张量之间也定义了张量积运算 (Cichocki et al., 2015), 其具体定义如下。

令 N 阶张量 $X \in \mathbb{R}^{I_1 \times \cdots \times I_N}$ 第 p 个下标的最大值和 N 阶张量 $Y \in \mathbb{R}^{J_1 \times \cdots \times J_N}$ 第 q 个下标的最大值相等, 即 $I_p = J_q = K$, 则用 $\langle X, Y \rangle_{p,q}$ 表示上述 X 和 Y 在指定下标上的内积, 如下:

$$\left(\langle X, Y \rangle_{p,q} \right)_{i_1 \cdots i_{p-1} i_{p+1} \cdots i_N j_1 \cdots j_{q-1} j_{q+1} \cdots j_N} = \sum_{k=1}^{K} x_{i_1 \cdots i_{p-1} k i_{p+1} \cdots i_N} y_{j_1 \cdots j_{q-1} k j_{q+1} \cdots j_N}$$
$$\tag{2.9}$$

式中, $i_n = 1, \cdots, I_n, n = 1, \cdots, p-1, p+1, \cdots, N; j_n = 1, \cdots, J_n, n = 1, \cdots, q-1,$ $q+1, \cdots, N$; 并且其可以推广到更为一般的在多个下标上的内积运算。

对 N 阶张量 $X \in \mathbb{R}^{I_1 \times \cdots \times I_N}$, 如果 $I_p = I_q = I, p < q$, 则 X 在这两个下标上的缩并, 记为 $\left(\langle X \rangle_{p,q} \right)_{i_1, \cdots, i_{p-1}, i_{p+1}, \cdots, i_{q-1}, i_{q+1}, \cdots, i_N} = \sum_{i=1}^{I} x_{i_1 \cdots i_{p-1} i i_{p+1} \cdots i_{q-1} i i_{q+1} \cdots i_N}$, 是一个 $N-2$ 阶张量, 定义为

$$(I_1, \cdots, I_{p-1}, I_{p+1}, \cdots, I_{q-1}, I_{q+1}, \cdots, I_N) \tag{2.10}$$

式中, $i_j = 1, \cdots, I_j; j = 1, \cdots, p-1, p+1, \cdots, q-1, q+1, \cdots, N$。

对于更一般的情况, 可以定义在多个下标上的张量缩并, 且张量的内积也可以看成由外积的缩并运算得到。由上述定义可知, 张量积运算可有效支撑多维时空场数据在相同维度的数据关联操作。

2.3　张量的形态

张量是矩阵和向量结构的多维推广, 而这种多维特性不仅表现在数据组织上, 更体现在其在数据运算操作上的复杂性, 张量丰富的计算算子也为基于张量组织

的时空场数据在各维度运算及多维耦合运算分析提供了有力的支撑。同时，相较于低维的矩阵结构，受多个维度上数据的共同作用，多维张量数据的各个维度结构也表现得更加复杂，因此呈现出更为复杂的张量表达形式。张量数据的多种表达形式作为张量数据的重要特征，对其准确把握是构建后续张量分析方法的关键。因此，本节对张量数据空间的常见张量表达形式进行分析总结，以便构建与地理时空场数据结构特征对应的张量分析方法。

2.3.1 方形张量和矩形张量

方形张量意味着数据各个维度大小是一致的，则其维度结构相对是对称的。对于时空场数据而言，由于时空维度的非对称性，采集到的数据多数是维度非对称的，这类数据即为矩形张量，其定义如下。

令 p, q, m, n 是正整数，$m, n \geqslant 2$。(p, q) 阶 $(m \times n)$ 维矩形张量含有 $m^p n^q$ 个分量，形如

$$X = \left(x_{i_1, \cdots, i_p, j_1, \cdots, j_q} \right), 1 \leqslant i_1, \cdots, i_p \leqslant m; 1 \leqslant j_1, \cdots, j_q \leqslant n \qquad (2.11)$$

当 $p = q = 1$ 时，矩形张量 X 就是一个简单的 $m \times n$ 矩阵。

不同类型的张量作为张量最基本的特征测度，有助于对后续分析方法的选取。例如，对于 CP 分解，其在每个维度上的特征分量数是一致的，因此其更适合于方形张量；而对于张量 Tucker 分解，其可以灵活地控制每个维度上的特征分量数，因此对于方形张量和矩阵张量都比较适合。

2.3.2 秩一张量

上述方形张量和矩阵张量都只是在数据维度层面对张量整体特征进行测度，而对于高维数据分析来说，数据在特征空间的测度也是分析的重点。多维数据多存在数据冗余，其在不同维度上的数据多存在相似性，因此其最本质的特征部分可认为是由各个维度上的极大线性无关组构成。而最简单的数据就是每个维度上只有一个主导的特征分量，此类数据即为秩一张量 (ten Berge, 1991)，定义如下。

N 阶张量 $X \in \mathbb{R}^{I_1 \times I_2 \times \cdots \times I_N}$ 是秩一张量，当且仅当它能被写成 N 个向量的外积，即

$$X = x^{(1)} \circ x^{(2)} \circ \cdots \circ x^{(N)} \qquad (2.12)$$

式中，符号 "$\circ$" 表示向量的外积。这意味着张量的每一个元素都有相应向量的积：

$$x_{i_1 i_2 \cdots i_N} = x_{i_1}^{(1)} x_{i_2}^{(2)} \cdots x_{i_N}^{(N)} \qquad (2.13)$$

式中，$1 \leqslant i_n \leqslant I_n$。

由此可见，秩一张量的结构是张量中相对比较简单的，由于其在各个维度上的特征数比较单一，多适用于均匀分布的时空场数据。

2.3.3　对称张量

对于方形张量 $X \in \mathbb{R}^{I \times I \times \cdots \times I}$，其各个维度上的元素个数相等，如果其元素在下标的任意排列下仍是常数，则称为超对称张量 (Regalia, 2013)。例如，一个三阶张量 $X \in \mathbb{R}^{I \times I \times \cdots \times I}$ 是超对称的，则

$$x_{ijk} = x_{ikj} = x_{jik} = x_{jki} = x_{kij} = x_{kji} \tag{2.14}$$

式中，$i, j, k = 1, \cdots, I$。上述张量的对称定义在其中的一个维度上，实际上，也可以定义张量数据在多个维度上的对称，通常称为部分对称。例如，若一个三阶张量 $X \in \mathbb{R}^{I \times I \times \cdots \times I}$ 所有的切片矩阵也是对称的，则

$$X_k = X_k^{\mathrm{T}} \tag{2.15}$$

式中，$k = 1, \cdots, K$。

由对称张量的定义可以看出，对称张量适用于分布特别有规律的数据，特别是有局部相似结构的数据，在张量的特殊数值位置上表现出对称性。

2.3.4　对角张量

给定一个张量 $X \in \mathbb{R}^{I_1 \times I_2 \times \cdots \times I_N}$ 当且仅当 $i_1 = i_2 = \cdots = i_N$ 时 $x_{i_1 i_2 \cdots i_N} \neq 0$，则该张量是对角的。图 2.6 表明一个立方张量的超对角线都是 1。

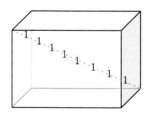

图 2.6　超对角线为 1 的三阶对角张量

由对角张量的定义可以看出，该张量结构简单，多用于张量计算的中间步骤化简或者是有关张量计算的误差估计等，而很少直接用于数据的组织存储。

2.4　张　量　分　解

类似于矩阵特征值和奇异值分解，张量也具有张量特征值和张量分解。张量分解是一种大规模张量低秩近似表示技术，其主要基于信号的高阶统计量 (如二阶协方差或四阶累积量)(Grasedyck et al., 2013)。与矩阵分解相比，张量分解直接基于高维时空场数据的原生高维张量结构进行分解，从而有效地保持了高维数据的多维结构特征，避免了传统方法中由数据向量化造成的维数灾难，可以更好地从大规模、复杂的数据中挖掘潜在结构信息。

考虑地理现象是一个连续的演化过程，张量组织综合考虑了时间和空间信息，时空一体的张量分析避免了传统方法中由时间切片或者空间切片所带来的信息缺失，在联合分析时空信号方面比传统直接获得特征向量的方法更有优势。同时张量方法又是一种与坐标选择无关的不变性方法，从而有效避免了时空场数据分析由于坐标选择的差异而带来的偏差，使解析特征的物理意义更明显。基于张量分解的时空信号分析，在最大限度地保留原始张量的特征信息的同时舍去信号的冗余，可以实现高维时空数据的压缩，从而降低数据空间的复杂性和运算的时间成本 (van Belzen and Weiland, 2012)。下面就三种使用最广泛的张量分解 (CP 分解、Tucker 分解和 HTucker 分解) 进行详细介绍。

2.4.1 张量 CP 分解

CP 分解是张量分解中最简单和直接的一种方式，类似于矩阵秩一分解的高阶推广，通过各个维度上的数据旋转和投影操作，寻找各个维度上数据的主导特征分量，并以秩一张量求和的形式给出。对于高维张量，可以将其分解为 r 个秩一张量的和，也称这种张量分解为张量分解的 CANDECOMP (canonical decomposition) 模型或者 PARAFAC(parallel factor) 模型。其具体定义如下。

以三阶张量 $X \in \mathbb{R}^{I \times J \times K}$ 为例，其张量 CP 分解为

$$X = \sum_{r=1}^{R} \lambda_r a_r \circ b_r \circ c_r + \text{res} \tag{2.16}$$

其分解流程如图 2.7 所示。

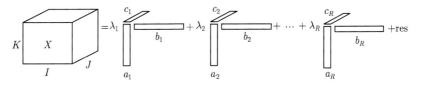

图 2.7　三维张量的 CP 分解模型

类似于二维矩阵的主成分分解，方程 (2.16) 中的向量 $a_r \in \mathbb{R}^I, b_r \in \mathbb{R}^J$ 和 $c_r \in \mathbb{R}^K$ 对于 $r = 1, 2, \cdots, R$ 可以认为是三阶张量分别在经度、纬度和时间维上的第 r 个主导成分。这里 R 代表了特征分量的数据，$A = \begin{bmatrix} a_1 & a_2 & \cdots & a_R \end{bmatrix} \in \mathbb{R}^{I \times R}, B = \begin{bmatrix} b_1 & b_2 & \cdots & b_R \end{bmatrix} \in \mathbb{R}^{J \times R}$ 和 $C = \begin{bmatrix} c_1 & c_2 & \cdots & c_R \end{bmatrix} \in \mathbb{R}^{K \times R}$ 为潜在因子，其可以作为生成更通用特征结构的一般规则。方程 (2.16) 中的残差张量 res 代表了未被分解模型捕获的数据信息。$a_r \circ b_r \circ c_r (r = 1, 2, \cdots, R)$ 代表了

重构回的第 r 个秩一张量，"∘" 代表了向量外积运算，这意味着结果张量的每个元素都是对应向量元素的乘积：

$$(a_r \circ b_r \circ c_r)_{ijk} = a_{ir}b_{jr}c_{kr} \tag{2.17}$$

式中，a_{ir} 代表向量 a_r 的第 i 个元素；b_{jr} 和 c_{kr} 可以以类似的方式定义。也即是 CP 模型可以将原始张量分解为秩一张量的有限和，并且可以根据权重系数集 $\lambda_r(r = 1, 2, \cdots, R)$ 权重计算所有这些分解的秩一张量中第 r 个秩一张量的贡献率 (Comon et al., 2009)。此外，相较于原始数据，这些秩一张量的属性值分布更为规则，更有助于时空模式分析 (Fang et al., 2017)。

在张量 CP 分解模型中，很重要的模型参数是秩，即各个维度上的特征分量的个数。当选取较小的秩时，该分解模型需要利用最主导的特征进行张量重构生成主导特征子张量结构，进而实现张量数据的整体逼近，该主导特征子张量结构的方差贡献率最大，可以认为是张量数据在大尺度上的结构特征。当不断增加秩时，则越来越多的精细结构上的特征逐渐累加起来形成对原始数据更加精确的逼近。因此，可以利用 CP 分解模型分解重构生成的特征子张量结构，进而实现时空场数据在不同尺度上的结构特征的提取。同时，该分解模型参数的简洁性也为多约束条件下的时空场数据的张量分解和逼近模型的构建提供了可能。

2.4.2   张量 Tucker 分解

不同于张量的 CP 分解关注于原始张量数据中的主导特征子张量结构，Turker 模型充分利用了张量结构的维度混合特征与维度运算，具有更好的结构保形性 (Mrup et al., 2008)，并且从分解形式上看，CP 分解更侧重于核张量的对角性，而张量的 Tucker 分解则侧重于分解的因子矩阵的正交性。以三阶张量 $X \in \mathbb{R}^{I \times J \times K}$ 为例，其 Tucker 分解可以写成

$$
\begin{aligned}
X &\approx S \times_1 U^{(1)} \times_2 U^{(2)} \times_3 U^{(3)} \\
&= \sum_i^I \sum_j^J \sum_k^K S_{ijk} U_i^{(1)} \circ U_j^{(2)} \circ U_k^{(3)}
\end{aligned} \tag{2.18}
$$

其分解流程如图 2.8 所示。

由上述分析可知，张量分解主要基于各个维度上的张量矩阵化操作及针对矩阵的奇异值分解运算，即主要利用各个维度上的矩阵化操作，进而得到各个维度展开的矩阵 $X_{(1)} \in \mathbb{R}^{I \times (J \times K)}$、$X_{(2)} \in \mathbb{R}^{J \times (I \times K)}$ 和 $X_{(3)} \in \mathbb{R}^{K \times (I \times J)}$，从而利用矩阵的奇异值分解得到左奇异矩阵 $U^{(1)} \in \mathbb{R}^{I \times R_1}, U^{(2)} \in \mathbb{R}^{J \times R_2}, U^{(3)} \in \mathbb{R}^{K \times R_3}$，这些矩阵也被称为因子矩阵，其中这些矩阵的列向量通常都是相互正交的，可以认为是各个维度上的主导成分 (Dauwels et al., 2012)。核张量 $S \in \mathbb{R}^{R_1 \times R_2 \times R_3}$ 表示

了原始数据 $X \in \mathbb{R}^{I \times J \times K}$ 向各个因子矩阵上的投影, 代表了各个维度之间的耦合关系 (Cong et al., 2015)。

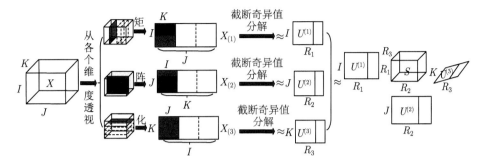

图 2.8 三维张量的 Tucker 分解

Tucker 分解的元素表达形式如下:

$$x_{ijk} \approx \sum_{p=1}^{R_1} \sum_{q=1}^{R_2} \sum_{r=1}^{R_3} S_{pqr} U_{ip}^{(1)} U_{jq}^{(2)} U_{kr}^{(3)},$$

$$i = 1, \cdots, I; j = 1, \cdots, J; k = 1, \cdots, K \qquad (2.19)$$

式中, R_1、R_2、R_3 分别表示特征矩阵 $U^{(1)}$、$U^{(2)}$、$U^{(3)}$ 中主成分个数, 通常情况下 R_1、R_2、R_3 远远小于 I、J、K, 即核张量 S 的数据维度远远小于原始张量 X。从数学意义上来说, 其实现了对于张量 X 的数据压缩, 即维度约减, 这对数据存储和运算效率的提升具有重要的意义 (Chen et al., 2015)。

利用张量的矩阵表达, 可以得到 Tucker 分解的矩阵表达形式:

$$\begin{cases} X_{(1)} \approx U^{(1)} S_{(1)} \left(U^{(3)} \otimes U^{(2)} \right)^{\mathrm{T}} \\ X_{(2)} \approx U^{(2)} S_{(2)} \left(U^{(3)} \otimes U^{(1)} \right)^{\mathrm{T}} \\ X_{(3)} \approx U^{(3)} S_{(3)} \left(U^{(2)} \otimes U^{(1)} \right)^{\mathrm{T}} \end{cases} \qquad (2.20)$$

扩展到 N 维情况可得到多维 Tucker 模型:

$$X \approx S \times_1 U^{(1)} \times_2 U^{(2)} \times \cdots \times_N U^{(N)} \qquad (2.21)$$

其对应的元素表达形式为

$$x_{i_1 i_2 \cdots i_n} \approx \sum_{r_1=1}^{R_1} \sum_{r_2=1}^{R_2} \cdots \sum_{r_N=1}^{R_N} S_{r_1 r_2 \cdots r_N} U_{i_1 r_1}^{(1)} U_{i_2 r_2}^{(2)} \cdots U_{i_N r_N}^{(3)},$$

$$i = 1, \cdots, I_n; n = 1, \cdots, N \qquad (2.22)$$

同样, 其矩阵形式为

$$X_{(n)} \approx U^{(n)} S_{(n)} \left(U^{(N)} \otimes \cdots \otimes U^{(n+1)} \otimes \cdots \otimes U^{(1)} \right)^{\mathrm{T}} \tag{2.23}$$

由张量 Tucker 分解流程可以得到，该分解模型有效利用多维张量数据的维度运算特性，通过维度展开和维度组合等操作，实现多维张量数据在多个维度上的拆分重组，进而利用张量积、张量外积等运算，以特征分量的相互正交性为约束，挖掘多维数据在各个维度上的特征分量和相互关联关系，再利用这些特征分量的耦合配置生成原始张量数据的整体特征结构。Tucker 分解通过张量分解同时表征了数据索引、特征索引和相互关系，可有效支撑多维时空场数据对多维特征结构的挖掘。

2.4.3   张量层次分解

以上两种张量分解模型都是对张量数据的整体分解，没有考虑整体数据在各个维度组合上的分解结构 (Grasedyck, 2010)，在张量 Tucker 分解的基础上，对各个维度上的特征分量进行组合和再分解，形成张量的层次分解结构，可以更好地挖掘数据内部的层次结构。

张量层次分解的关键在于子空间的划分，对任意 N 维张量 $X \in \mathbb{R}^{I_1 \times I_2 \times \cdots \times I_N}$，最多有 $2N-1$ 个子空间，如对于三维张量 $X \in \mathbb{R}^{r_1 \times r_2 \times r_3}$ 就拥有 7 个子空间 $\{\mathbb{R}^{r_1}, \mathbb{R}^{r_2}, \mathbb{R}^{r_3}, \mathbb{R}^{r_1 \times r_2}, \mathbb{R}^{r_2 \times r_3}, \mathbb{R}^{r_1 \times r_3}, \mathbb{R}^{r_1 \times r_2 \times r_3}\}$，子空间之间互相具有包含和被包含的关系。层次张量分解就是将这些子空间通过层次串联起来，并且使高层的子空间占有维度多，低层的子空间占有维度少，高层的子空间可以由低层的子空间重构而成，同时保证维度相互对应。在层次结构中，位于最底层的子空间是叶子节点，最顶端的原始张量是根节点，其分解流程如图 2.9 所示。

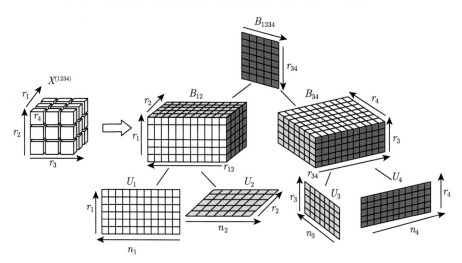

图 2.9   层次张量分解示意图

张量数据层次分解的关键问题是如何计算每个节点的系数矩阵，通常使用 Tucker 模型计算叶子节点和非叶子节点。在 Tucker 模型中，将原始张量分解为一个核矩阵和一系列 U 矩阵，为了构建与计算机存储结构一致的二叉树结构，将核矩阵再次分解，分成多个父节点，每个父节点只与其两个孩子节点的维度相关，使张量结构更为清晰，因此基于层次张量分解中父节点和孩子节点的关系应该表示如下。

假设左右孩子节点的系数矩阵为 U_{tl} 和 U_{tr}，其父节点存储核矩阵为 B_t，重构形式为 $U_t = (U_{tr} \otimes U_{tl}) B_t$。$U_t$ 为重构后的父矩阵，当 U_t 为根节点的重构矩阵时，U_t 则为原始张量。假设我们对维度为 4 的张量进行层次分解，原始张量为 χ，则公式表示如下：

$$\mathrm{vec}\,(\chi) = X^{(1234)} = (U_{34} \otimes U_{12})B_{1234}$$

$$U_{12} = (U_2 \otimes U_1)B_{12}$$

$$U_{34} = (U_4 \otimes U_3)B_{34}$$

$$\Rightarrow \mathrm{vec}\,(\chi) = (U_4 \otimes U_3 \otimes U_2 \otimes U_1)(B_{34} \otimes B_{12})B_{1234} \tag{2.24}$$

基于张量的层次分解可以得到，不同于传统的张量 CP 和 Tucker 分解，张量的层次分解不仅能够体现数据的多维特征，还能体现数据在不同维度上的组合特征，并且上下层之间形成对应关系。以此构成的层次关系与计算机的二叉树结构吻合。因此，张量层次分解不仅能用来作为数据的特征提取，而且能够将特征按照类似二叉树的结构组织起来，从而有效支撑了基于张量层次分解的时空场数据的组织管理。

2.5　本　章　小　结

本章对张量的定义进行了总结，分析了其对于时空场数据表达的支撑特性；总结了张量代数中常用的运算算子，分析了其维度运算特点及在多维时空场数据计算中的潜在应用；给出了张量空间中常用的表达形式，概括了其对应的地理时空场数据的应用场景；最后，归纳了张量代数中常用的多模式分解模型，根据模型对应的特点分析了其在多维时空场数据的特征提取和重构、数据压缩等方面的优势。

第 3 章　时空场数据的张量表达模型

时空场数据模型是实现场数据组织管理、存储检索、分析计算的基础。现有地理时空场数据模型多存在多维表达复杂、时空分析复杂和计算支撑能力薄弱等问题。张量作为高维数据表达结构，为地理时空场数据模型构建提供了原生的支持，但仍需突破地学时空场数据的结构复杂性、类型多样性和特征异质性等所导致的数据表达困难、组织管理模式不统一等技术瓶颈。本章基于不同数据维度视角结合张量多模式分解策略，分别针对规则时空场和非规则时空场数据进行多维统一数据模型构建，从面向对象的视角尝试构建基于张量的多维时空场统一表达模型，实现对规则时空场及诸如不规则边界、属性值空缺等非规则时空场数据的统一组织和管理。

3.1　基于张量的地学时空数据组织框架

基于张量的时空场数据组织和数据变换可为海量地学数据的组织存储与分析挖掘提供支撑。可以建立张量结构和时空场数据之间的映射关系 (图 3.1)，构建基于张量的地学时空场数据分析流程 (图 3.2)，该流程可分为三个主要步骤，依次为基于张量的数据组织、数据操作和数据分析。首先在组织层面上，根据地学时空数据的特征按照一定的规则，对其进行抽象与编组，并构建多维时空立方体形式的存储结构；在变换层面，根据数据分析与维度透视的需要构建数据的旋转、展开与重组等操作，通过分层索引机制实现数据降维和具有地学特征的数据子集的提取；最后通过张量的分解运算，得到地学时空数据在经度、纬度以及时间上的变化特征，基于张量的张量积运算，对分解出来的结果进行重构，进而得到时间纬度、时间经度及经纬度空间上的特征，也可将三个分量重构生成具有显示地学意义的时空立方体主成分。

基于时空立方体形式的地学时空数据的存储可有效表达高维数据及多个属性的数据对象，其与张量模型在结构上具有较好的对应性，可利用张量运算实现对地学分析的直接支撑。根据张量表达及地学分析需要，依据时空场数据的支撑维度进行筛选和重组，通过对给定维度的时空数据进行重组形成数据立方体，最后利用维度展开机制进行运算。上述地学时空数据组织与分析流程不仅可与现有数据进行集成，也可根据分析需求，对时间、空间及属性维度进行变换与组合，从而具有较好的可扩展性。

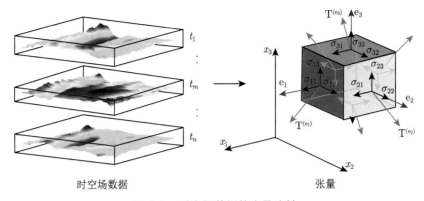

图 3.1 时空场数据的张量映射

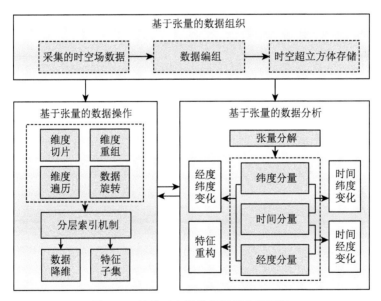

图 3.2 地学时空场数据组织分析流程

3.2 基于张量的非规则时空场数据组织与数据模型

不同模式的张量数据结构及其应用如表 3.1 所示。原始多维数组的张量表达具有较高的数据冗余，更接近于数据原始采集的状态，适用于海量时空场数据的采集与结果输出；传统的张量分解可以实现不同维度的特征提取、关系识别与过程重建，适用于数据分析；层次张量结构则为张量数据的压缩和检索提供了原生的支持，更适用于海量时空场数据的存储与传输。对上述三种张量结构的综合运用，可有效支撑从原始数据采集、数据分析到数据存储的时空场分析流程。

表 3.1　不同类型的张量结构及其应用

张量	数据结构与存储	主要业务流阶段
立方体结构	按照特定的维度矩阵化后存储，精度最高但数据冗余大	精度高，可视化方便，用于海量时空场数据的采集与结果输出
维度分解结构	存储按维度分解的子张量系数，在一定程度上压缩了数据大小，随精度要求的提高，压缩效果降低	各维度系数反映了其所在维度的特征，一般用于关系识别与过程重建
维度树结构	树状结构存储，各节点为不同维度层次下的数据矩阵，维度分层结构有利于数据的动态更新与传输	为张量数据的压缩和检索提供了支持，可用于海量时空场数据的存储与传输

现有时空场数据组织多基于快照或增量形式构建，并以多维数组的形式存储，在对象检索、不同维度对象重组及数据分析等方面具有较高的复杂度。借鉴张量的存储方式，对时空场进行编组，并结合时空场数据的特点，考虑实际时空场数据的多维性与复杂性，以时空立方体模型为基础，基于上述三种张量形式构建基于张量的海量数据组织模型，包括如下核心组件：① 张量存储结构 CTensor。定义时空场数据维度及张量的 Rank、Dims 等属性变量，实现对多维时空场数据的描述。② 基本算子与操作。定义张量积、收缩 (contraction)、扩张、旋转、切片等基本算子实现数据的操作与运算。③ 主张量分解算子 (PTAk)(Leibovici, 2010)。用于张量数据的各维度特征数据的求解。在上述核心组件的基础上，通过构建多维张量，并利用数据重组、维度透视等方法实现数据对象建模。面向多维时空场数据的检索，设计数据遍历结构 CtensorIdx，在此基础上构建 SingleLoop 和 DoubleLoop 两种遍历策略，实现兼顾数据结构特征与多维度透视的多维时空场数据检索，进而定义相关的数据管理与运算类，实现多维张量数据的重组、筛选、变换与计算，并为后续分析及功能扩展提供相应的数据接口，如图 3.3 所示。

基于张量的地学时空场数据组织与存储可实现不同对象、要素、数值及特征信息的快速提取与检索，是时空场数据利用与分析的前提。时空超立方体式的存储可最大限度地利用磁盘空间，提供对海量地学数据的组织与存储，最终实现基于张量的地学时空场数据的变换与分析。

面向海量地学数据分析需求，借鉴稀疏张量的存储方法，构建数据对象的优化组织方法，并实现基于文件的数据存储。该存储文件主要由维度 (dimensions)、变量 (variables)、属性 (attributes)、数据 (data) 四部分组成 (图 3.4)。其中维度主要存储多维资料结构，如经度、纬度、时间等。变量存储如温度、海面高程等各种变量。属性是一些辅助说明，如变量单位等。数据是主要资料部分，用于存储经纬度所对应的特定地学变量的值。采用上述结构可以实现维度上的任意扩展和多维单值数据的存储，不但有助于数据检索，其数据存储的空间占用也大幅减少。

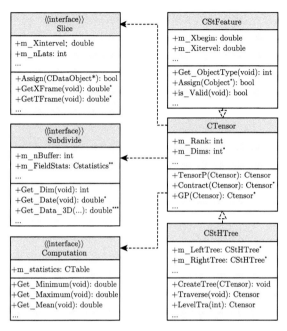

图 3.3 基于张量的数据组织结构

```
STGrid GSL{
dimensions:
        dim = 3;
        X = 1440;
        Y = 768;
        Time = 192;
variables:
        float X(X);
        float Y(Y);
        int Time(Time);
        float GSL(Time, Y, X);
data:
        X = 0, 0.25, 0.5, 0.75, 1.0, 1.25, 1.5, 1.75,...;
        Y = -89.75, -89.50, -89.25, -89.00,...;
        Time = 199301, 199302, 199303, ...;
        GSL=
        22.75, 24.25, 9.5, 11, 14, 10.3, 9.7, 12.5,...,
        15.5, 17, 20, 21.5, 23, 26, 21.3, 20, 18.2,...,
        9.75, 12.75, 14.25, 15.75, 12.3, 11.6,...,
        14.75, 17.75, 19.25, 20.75, 21.4, 19.2, 11.4,...;
}
```

图 3.4 时空超立方数据存储结构

3.2.1 非规则时空场张量统一表达的概念模型

实际时空场数据往往存在不规则边界、属性值空缺及维度组合不对称等问题。直接基于常规张量形式存储的时空场数据在支撑非规则时空场数据的对象检索、不同维度对象重组及数据分析等方面仍具有较高的复杂度。时空场数据的稀疏性、维度非对称性、结构异质性等非规则特性使传统的规则时空场张量模型在数据结构支撑、特征分析等方面支撑不足。因此，考虑稀疏张量的组织结构，更接近于非规则数据原始采集的状态。传统对稀疏时空场的张量表达多只认为其是独立的数据立方体，其本质上是整体的数据散点集合。而从几何的视角来观测稀疏张量，其本质是张量表达在不同维度上的表征。其中稀疏数据是从单个散点的视角对原始数据进行表征。维度非对称数据实质上是不同的时空支撑维度上的时空特征的不一致。异质性则是把稀疏张量中每个数据区域作为体进行整体表达并加以描述。因此，从几何描述和维度融合的视角看，时空场数据的稀疏表达实际上是对时空场数据在点、线、面三个不同的几何维度上的整合与统一，因而可以直接构建用于稀疏张量统一描述和表达的概念模型 (图 3.5)。而从数据分析的策略来看，维度非对称数据可以看作是将原始整体数据投影到不同的观测视角上，利用不同视角下的投影数据进行分析，实现综合视角下的时空场张量数据的综合分析。而结构异质性更多是将原始稀疏数据按照时空异质性程度切割成不同的时空区域块，通过不同的局部时空块的分析实现整个时空数据的特征结构解析。

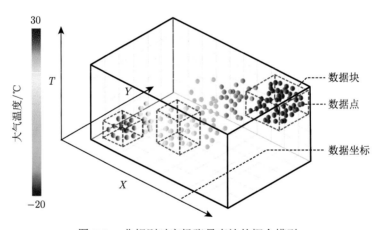

图 3.5   非规则时空场张量表达的概念模型

基于图 3.5，我们给出非规则时空场张量表达中各元素具体的定义。

定义 1   数据点 (data point)

对于给定的稀疏时空场张量数据 $X \in \mathbb{R}^{I \times J \times K}$，其可以认为是由一系列散点 $x_{ijk}(i = 1, \cdots, I; j = 1, \cdots, J; k = 1, \cdots, K)$，按照其时空索引结构排列而成的多维数组结构。在这个张量结构中，从点的视角去认识这个数据，则可以将其元素分为两类，一类是已知的 X_{obser}，一类是缺失的 X_{miss}，稀疏时空张量结构中数据点的定义如下：

$$\text{Point}(X) = x_{ijk} \in \{X_{\text{obser}}, X_{\text{miss}}\} \tag{3.1}$$

对于这类稀疏点集合，需要弄清楚缺失数据的分布情况和缺失的比例，即哪些是缺失的，也即其时空索引是什么。而在数据分析层面，则需要关注如何构建不受缺失数据影响的分析方法。

定义 2 数据坐标 (data coordinates)

对于给定的时空场张量数据 $X \in \mathbb{R}^{I \times J \times K}$，其本质上是由多个维度支撑起来的时空场中连续分布的数据集，时空维度决定了其在空间、时间及属性维度上的分布情况，这里的时空维度不仅是广义上的时空参照，而且是从不同的侧面去透视整个张量场数据。这里的侧面可能是一维的时空参照维度、二维的平面结构，也可能是整个时空数据中任意感兴趣的维度。因此数据坐标定义如下：

$$C(X) = \{I_1, I_2, \cdots, I_N\} \tag{3.2}$$

这里的数据坐标应该是能够取遍所有可能的维度组合。有了这些维度组合后，即可以将原始整个时空场数据往各个不同的数据坐标做投影，利用投影算子 $P(X, C(X))$ 得到原始整体数据在各个维度上的投影数据集合：

$$P(X, C(X)) = \{P(X, I_1), P(X, I_2), \cdots, P(X, I_N)\} \tag{3.3}$$

这些投影数据可以看作是从不同的视角去探测原始数据整体，进而通过分析各个维度上的投影数据的结构特征，得到对于整个原始时空场数据的全面透视。

定义 3 数据块 (data blocks)

对于给定的时空场张量数据 $X \in \mathbb{R}^{I \times J \times K}$，受时空异质性的影响，各个局部区域上数据的结构特性和特征分布差异较大。这种较大的差异给数据的整体处理带来一定的估计偏差。因此，这里从数据的整体结构中按照一定特征差异性，将原始数据拆分为一系列的数据块结构，其定义如下：

$$\text{Block}(X, W) = \left\{ X_1 \in \mathbb{R}^{[I_0, I_1] \times [J_0, J_1] \times [K_0, K_1]}, \cdots, X_n \in \mathbb{R}^{[I_{n-1}, I_n] \times [J_{n-1}, J_n] \times [K_{n-1}, K_n]} \right\} \tag{3.4}$$

式中，$W = \{[I_i, I_{i+1}] \times [J_i, J_{i+1}] \times [K_i, K_{i+1}]\}_{i=0}^{n-1}$ 为局部拆分的时间窗口的序列。这一系列的块数据可以认为以不同的空间窗口 $[I_i, I_{i+1}] \times [J_i, J_{i+1}]$ 和时间窗口 $[K_i, K_{i+1}]$ 对原始完整的时空场数据进行划分。而对于不同的数据，其空间和时间窗口的划分取决于原始数据的时空异质性的强弱。通常，时空结构相对一致的散点数据可以划分为单独的块数据，使得划分的块数据内部结构变异较弱，而块与块时间的差异较为明显。另外，也可以根据实际分析的需求，划定感兴趣的研究区域或者研究时段，进行空间和时间窗口的确定和数据的划分。而这个块的划分情况在一定程度上也可以作为数据异质性的测度指标。因此，这里核心是时空窗口序列的确定。

3.2.2 非规则时空场张量统一表达的逻辑模型

基于非规则张量的数学定义，需要建立地理数据到非规则数据抽象数学描述的逻辑映射，并通过面向对象的方式完成其在实现层面上的逻辑抽象。基于上述三类数据基元，可以通过给不同的基元附着地理时空坐标和属性，实现基础数据元素向地理时空数据的映射。这种映射可划分为数据集、数据特征、数据操作和运算参数四个不同层面。在此分别基于这四个层面对非规则时空场张量表达的概念模型进行定义和细化。

(1) **定义 4 数据集对象 (data set object)**：GeoSTObj, ST 是一个由时空参照和各个属性值构成的张量结构，可以表达为 GeoSTObj, $ST \in \mathbb{R}^{N_1 \times N_2 \times N_3 \times N_4 \times N_5}$，$ST$ 中的每个元素可以表达为 $A_{n_1 n_2 n_3 n_4 n_5}$ ($n_1 \in [1, \cdots, N_1], n_2 \in [1, \cdots, N_2], n_3 \in [1, \cdots, N_3], n_4 \in [1, \cdots, N_4], n_5 \in [1, \cdots, N_5]$)，其中 $S = \{N_1, N_2, N_3\}$ 表示空间维，$T = N_4$ 表示时间维，N_5 表示属性维度，支撑了属性集合 $A = \{A_1, A_2, \cdots, A_n\}$。也即是说，$ST$ 包含了在每个时空索引值上属性的取值。A_i 是每个张量的某一维的数据，GeoSTObj, ST 由张量所有维上的属性数据组合而成，即 $ST = \sum_{i=0}^{n} A_i$，其中，A 表示属性，$A = \{A_1, A_2, \cdots, A_n\}$，每个维度可以认为是一个坐标轴，对应的数据可以组织为属性空间上的张量。根据非规则时空场类型的不同，GeoSTObj $\in \mathbb{R}^{N_1 \times N_2 \times N_3 \times N_4 \times N_5}$ 可进一步派生出 GeoSSTObj、GeoASTObj 和 GeoHSTObj 三个子类，分别表示稀疏时空场数据对象、维度非对称时空场数据对象和结构异质时空场数据对象。

(2) **特征对象**：非规则时空场特征对象主要包括时空基准和属性集合两大类特征对象。$\langle S, T \rangle$ 是空间和时间参照。假定任意给定的空间参照 S 是静态的，时间参照 T 在给定的时间区间上是动态积累的。Attr 是一个映射，其分别描述了时空场数据的规则与非规则属性特征，同时也表示有属性的集合，包括了稀疏性 (Spa)、维度非对称性 (Asy)、结构异质性 (Het)，即 $\mathrm{Attr}(ST) = \{\mathrm{Spa}(ST), \mathrm{Asy}(ST), \mathrm{Het}(ST)\}$。

(3) **操作集对象**：操作对象是对非规则张量进行数据操作和运算的基本对象集，其可以分为算子型操作和函数型操作。算子型操作主要继承张量本身的计算算子和计算方法，通过对张量模型直接进行数值计算实现对张量模型中内容的更新与改造。Opr 是应用到元素上的操作，如外积、Kronecker 积、连接操作和张量分解算子 GeoSTObj $\approx S \times_1 U^{(1)} \times_2 U^{(2)} \times_3 U^{(3)}$。函数型操作是可以直接作用于张量对象的操作，包括对不规则张量自身数值的运算和时间空间索引与切片等数据处理。func 是应用到张量上的函数,并且其结果也是一个张量。例如,零维张量 (标量-Sca)、一维张量 (向量-Vet)、二维张量 (矩阵-Mat)、高维张量 (Ten)。func:$ST \rightarrow \{\text{Sca,Vet,Mat,Ten}\}$,STSlice 从时间、空间或者特征等角度对张量进行切片操作。STIdx 索引操作是对地理时空场数据进行检索,可从时间、空间、维度等方面建立空间索引、时间索引等。

(4) 参数集对象:参数集对象主要用于非规则张量算法构造过程中各类参数的表征和描述。主要的参数集对象包括对时间、空间、属性和张量分解等参数控制的描述。如 $D = \{I, J, K, R\}$ 是多维地理时空场数据的维度集合,其中 I 为空间维,J 为时间维,K 为属性维,R 为张量的秩,控制地理时空场的特征分解。

非规则时空场数据基于点、线、体三个视角对张量数据进行组织,其组织的关系如图 3.6 所示。CElements 类作为多维时空场 (multidimensional geoscience field-MGF) 的基类,定义了时空场数据的基本元素和表达基础,如空间操作、空间参考、维度、属性等,从不同角度对 MGF 进行抽象组织,形成不同的数据基类。CElements 类基于张量结构对现实地理时空场对象进行抽象表达分析。基于CElements 类,我们从点、线、体三个角度构造了 MGF 操作和分析的基本微元,即点对象 CPoints、线对象 CCoors、体对象 CBlocks。

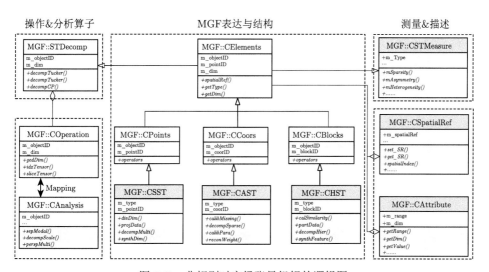

图 3.6 非规则时空场张量组织的逻辑图

数据表达和构造基础类基于不同维度的视角,分为 CPoints 类、CCoors 类、CBlocks 类,均由两个 ID 和操作函数构成。objectID 表示张量数据的对象,pointID、coorID 和 blockID 表示构建的基本对象的索引。点、线、体三种数据结构为非规则 MGF 提供了基础数据结构,从不同维度构建了 MGF 的操作与分析类。CSST

类以点的视角构造稀疏时空场数据属性和方法的集合，包含了类型标签 m_type，方法包括维度抽象、维度划分、数据投影、数据约减等；CAST 类以线的视角构造维度非对称时空场数据属性和方法的集合，包含了标签表示 m_type，方法包括缺失值标定、张量加权求和、维度抽象等；CHST 类以体的视角构建了结构异质时空场数据属性和方法的集合，包含了类型标签 m_type，方法包括高维相似性、数据分块、数据合并等。另外，MGF 的表达与结构，除了基本的数类，还包括 CSTMeasure 数据测度类、CSpatialRef 空间参考类、CAttribute 属性类，为 MGF 提供基本的描述与参考。

在本架构中，将 MGF 的操作与分析方向抽象成独立的算子库，把相同的操作和分析打包，既有利于分析算法的统一管理，也支持算子化构造和参数化编程。MGF 操作算子主要包括 CP 分解、Tucker 分解、层次分解，MGF 分析算子主要包括特征分析、综合分析、特征解析等。

3.3 本 章 小 结

本章利用张量结构对多维数据的支撑特性，实现了对规则时空场数据和非规则时空场数据的张量表达，建立了面向不同类型地理时空场数据的数据表达元素和对象描述机制，形成了以时空立方体、张量分解和层次分解为主线的规则时空场表达与组织模式，实现了点、线、面视角的非规则时空场数据统一组织模式。在此基础上，基于面向对象的表达模式，提出了地理时空场数据统一表达模型，实现了不同类型的时空场在统一张量框架下的有效整合。本章所构建时空场数据的统一张量数据模型，为后续的分析方法构造和计算方法优化等提供了较好的数据构造支撑。

第 4 章　基于张量的时空场数据操作模型

时空场数据操作模型是实现海量数据检索、更新、存取及运算的基础支撑。现有时空场数据操作模型多存在维度扩展困难、动态性差和效率不高等问题。基于维度运算的张量分解等操作为地理时空场数据操作模型提供了有效支撑，但仍需突破时空场数据在数据、特征和结构等不同层面操作方法和操作模式上的多样性、异构性、复杂性等问题。本章在时空场张量数据模型的基础上，利用张量结构灵活的维度运算特性及张量分解的维度透视特性，从时空场数据–特征–结构–关系一体化的视角构建基于张量的多维时空场数据的统一操作模型，实现不同层面数据操作在统一张量框架下的有效支撑。

4.1　基于张量的数据变换与数据检索

基于张量组织的时空场数据的另一优势即其灵活的可操控性，一方面可通过张量的维度运算实现数据的简单切片与合并，另一方面可运用张量分解对数据进行特定维度的透视。张量分解是主成分分析的高维度扩展，它可从地学时空场数据中提取出显著的时间、空间特征及时空的耦合变化，进而可表达地理现象的时空演化过程 (Yu et al., 2011)。基于张量构建的多维超立方体同时包含时间、空间及属性信息，实现了数据的重组与透视。基于张量的时空场数据操作主要建立在张量空间基础上，并利用相应的张量运算算子加以实现。

图 4.1 为基于张量的主要数据变换示意图，将数据按行、列展开即可得到其不同维度方向的切片，从不同维度对多维时空立方体进行切片与透视操作，可实现时空立方体各数据面及各点位数据的提取，即实现基于经度、纬度及时间的数据的同步提取，还可将不同的切片进行重组，得到新的数据集合。图 4.1 中张量分解是基于 Tucker 模型的，此外常用的张量分解模型还有 PARAFAC 模型，二者的主要区别在于是否具有张量分解核 (Comon et al., 2009)。

4.1.1　基于张量的数据分片与分块

海量数据分析受数据规模与计算机存储设备和运算设备的限制，制定有效的数据分块机制有利于数据的分布式存储与分析、并行化处理及流式传输等。传统的场数据分块方法多是针对计算机软硬件能力的均匀划分，未能考虑到数据特征

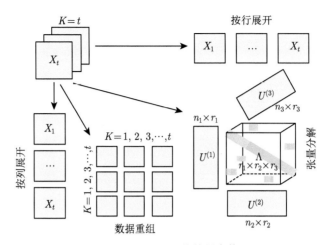

图 4.1　基于张量的数据变换

与分析需求。基于张量组织的海量数据分块方法，综合考虑了数据的大小、维度与特征等因素，面向特定的分析功能实现了数据的分块操作。

如图 4.2 所示，面向数据组织的张量分块包括子张量的选取，按维度切片与

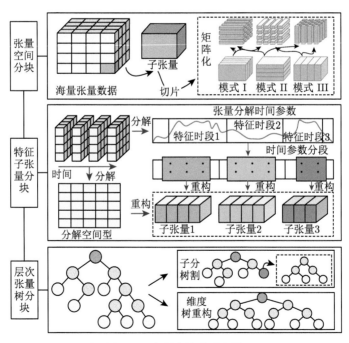

图 4.2　张量表达分片方法

矩阵化等操作，主要是对后续分析步骤的预处理，可实现不同维度的多维地学时空立方体透视分析、对时空立方体各数据面及各点位数据的有效提取，并可实现基于经度、纬度及时间的数据框 (data frame) 的同步提取。特征子张量分块面向分析业务，为保证数据特征的延续性和完整性，需要根据张量特征系数重构特征子向量，进而实现面向数据特征的张量分块。层次张量树分块主要解决二叉树结构的平衡性问题，根据需要可采用子树分割与维度树重构的方式对非平衡二叉树加以改造。

4.1.2 基于张量的时空场数据检索方法

1. 基于不同张量组织的时空场数据多模态检索方法

多维时空场数据索引可加快对海量数据的访问，并可根据研究的需要提取出具有显著地学意义的时空场子集。传统的时空场数据索引多按照特定规则逐维度遍历，在最坏情况下需要遍历所有单元才能完成数据对象的检索，难以满足复杂时空场对象的检索需求 (卢廷军和黄明，2010；Zhang et al., 2010)。利用张量结构的多维统一性与多维张量的扩张和收缩算子，可实现多维时空立方体的拆分、合并、重组与变换，进而支撑基于时空体剖分的分层索引结构。

构建空间 + 时间 + 属性的可定制的动态分层索引机制。四维时空立方体的分层动态检索思路见图 4.3。若检索条件为找出 (x, y, z, t) 子维度空间内的

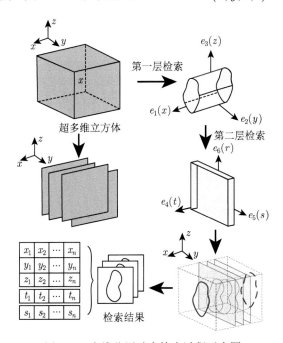

图 4.3 多维分层动态检索过程示意图

点，可将该空间分解成几个子维度空间组合。如可将 (x, y) 和 (z, t) 分别作为二级检索条件，首先选出满足 (x, y) 条件的空间范围，进而在 (z, t) 中检索得到的结果。通过时空–属性关联表连接属性索引，从而实现多维度统一索引。基于分层索引的时空计算功能也在逐渐扩充当中。该思路可有效降低数据检索复杂度，提升检索效率，还可支撑不规则边界的复杂时空检索，实现兼顾对象位置与数据特征的综合检索，并可拓展形成更高维度的多维数据统一索引。

数据筛选模块则是在数据切片类对时空立方体进行操作的基础上，对不同维度、不同范围数据进行筛选与提取，系统提供了 1~4 维的数据提取方法，利用对所提取的数据进行相关统计参数计算，并利用文件进行数据输出。可将地学时空场数据检索操作分为 3 类 (表 4.1)，其中规则区域检索 (Ⅰ 类) 和不规则区域检索 (Ⅱ 类) 主要对应事务的建模与预处理阶段，所涉及表达为张量表达与层次张量表达；而面向地学特征的检索主要用于数据分析阶段，对应于特征张量表达的时空场结构。

表 4.1　基于张量的数据检索类别划分

检索类型	说明	事务流阶段	数据流阶段	举例
Ⅰ：规则区域检索	检索规则格网单元	数据建模与预处理阶段	张量表达/层次张量表达	取特定经纬度范围内的区域
Ⅱ：不规则区域检索	检索不规则边界区域	数据建模与预处理阶段	张量表达	选取中国边缘海区
Ⅲ：地学特征检索	按给定地学特征检索	数据特征解析与重构阶段	特征张量表达	选取海面高度异常变化年份

分别构建上述三种结构的索引策略如图 4.4 所示，其中多维数据张量表达结构主要通过构建多重复平面结构实现检索操作，以四维时空 (x, y, z, t) 为例，首先对四个维度进行按需组合，分别对两个复平面构建 R^* 树索引，利用该索引不仅可实现高效的数据选取操作 (Ⅰ 类检索)，且对不规则区域的检索操作 (Ⅱ 类检索) 具有更高的效率；层次张量通过特定维度的选取，可实现 Ⅰ 类检索操作，该策略不仅直接基于特征维度的选取具有更高的效率，而且可在数据传输过程中极大地减少数据量，提高数据应用效率；基于系数张量的表达结构则可根据具体应用需求，引入参考系数，提取具有显著地学特征的子张量结构，此过程对海量时空场数据的分析功能的高效实现具有重要意义。

2. 基于张量多模态分解的时空范围检索

张量 Tucker 分解会得到对应于各个维度的因子矩阵，其因子矩阵的行和原始张量的空间维度直接相关，这类似于对应于每个维度建立一个索引。当需要检索原始张量数据范围的子空间时，只需要按行截取对应于各个维度的因子矩阵，然

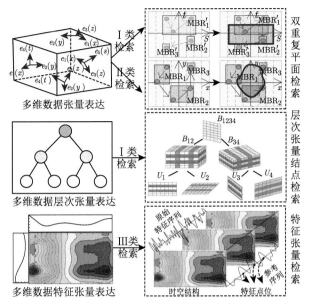

图 4.4 基于张量的数据检索方法

后进行张量重构。因此，利用张量分解因子矩阵的这个特性，可以很好地对多维时空场数据进行张量方式的存储和空间区域的检索 (Schneider and Uschmajew, 2014)。如图 4.5 所示，原始张量 X 通过 Tucker 分解为核张量 Y 和三个维度所对应的因子矩阵 A_1、A_2、A_3；然后为了获取相应空间范围 $I \times J \times K$ 的数据，截取因子矩阵中对应的维度范围，获得子空间因子矩阵 A_{j1}、A_{j2}、A_{j3}；最后将核张量和截取的因子矩阵进行张量重构，得到与原始数据对应的子空间 $\tilde{A}_s$。

$$\tilde{A}_s \approx Y \times A_s^{(1)} \times A_s^{(2)} \times \cdots \times A_s^{(n)} \tag{4.1}$$

对于张量层次分解，类似于张量 Tucker 分解，抽取因子矩阵中对应维度所需的子空间的范围，然后结合分解的核张量进行张量的重构，就可以得到截取各个维度的子空间的全张量。如图 4.6 所示，原始张量 X 通过层次分解为一系列核张量 Y_i 和对应维度上的因子矩阵 U_1、U_2、U_3、U_4；然后为了获取相应空间范围 $[J_1, J_2, J_3, J_4]$ 的数据，截取因子矩阵中对应的维度范围，获得子空间因子矩阵 U_{j1}、U_{j2}、U_{j3}、U_{j4}；最后将核张量和截取的因子矩阵进行张量重构，得到与原始数据对应的子空间。

由以上基于张量的时空场数据的检索流程可以看出，利用张量分解和重构，通过构建数据空间–特征空间–数据空间的时空场数据检索机制，可以有效避免传统时空场数据检索需要依次遍历所有数据的情况，进而提高数据检索的效率。

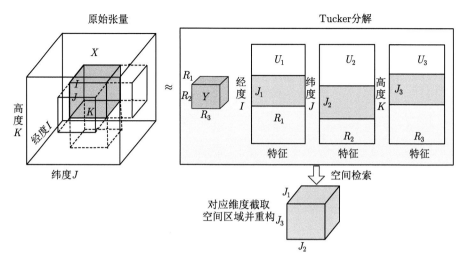

图 4.5　Tucker 张量空间检索

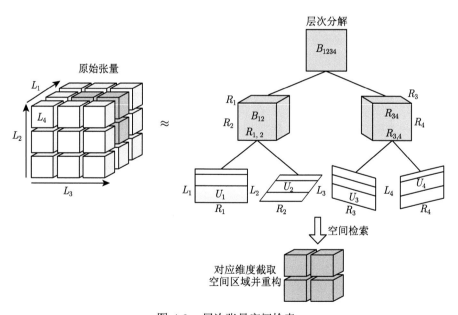

图 4.6　层次张量空间检索

3. 张量检索方法在气候模式数据中的应用

基于全球范围的气候模式模拟数据 $Cloud \in \mathbb{R}^{1024 \times 512 \times 26}$ 和美国国家大气研究中心提供的模拟飓风 WRF 模式数据 $QCLOUD \in \mathbb{R}^{500 \times 500 \times 100}$,设计了基于不同方法的不同区域的范围检索,并对检索结果进行可视化,以验证所提出的基于张量分解数据组织模型的时空范围检索算法的可行性和效率。

　　具体实验设计是通过对数据 $Cloud \in \mathbb{R}^{1024 \times 512 \times 26}$ 中不同区块进行范围检索，分别检索其中的左上角、左下角、右上角、右下角和中间区域范围，对比原始数据遍历、基于张量 Tucker 分解的数据组织检索算法、基于张量层次分解的数据组织检索算法的效率 (表 4.2) 和范围检索结果俯视图 (图 4.7)。

表 4.2　　数据检索效率　　　　　　　　　　(单位：s)

检索方式	左上角	左下角	右上角	右下角	中间
数据遍历	1.3044	1.8467	0.3062	1.054	1.4741
Tucker 分解	0.1303	0.1499	0.10893	0.12861	0.14279
层次分解	0.1231	0.1357	0.1152	0.1229	0.1490

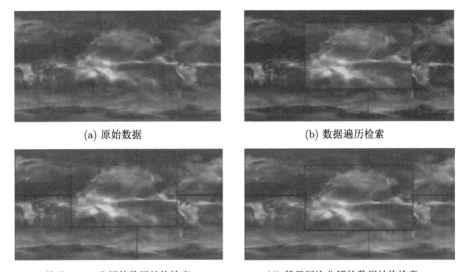

(a) 原始数据　　　　　　　　　　　　(b) 数据遍历检索

(c) 基于Tucker分解的数据结构检索　　　　(d) 基于层次分解的数据结构检索

图 4.7　　基于张量分解时空场数据范围检索

　　从实验结果可以看出，相比原始数据的直接遍历，基于张量 Tucker 分解和层次分解的数据模型的检索效率更快，效率几乎是数据遍历的 10 倍。这是因为基于张量分解的数据检索只需要检索对应维度的因子矩阵，不需要对原始数据进行逐个元素的遍历。

　　对数据 $QCLOUD \in \mathbb{R}^{500 \times 500 \times 100}$ 中心进行范围检索，对比原始数据遍历、基于张量 Tucker 分解的数据组织检索算法、基于张量层次分解的数据组织检索算法的效率如表 4.3 所示，其检索结果图如图 4.8 所示。

表 4.3　　不同方法检索效率
(单位：s)

参数	数据遍历	Tucker 分解	层次分解
用时	6.1359	0.22876	0.45661

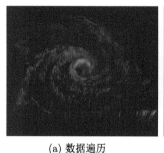

(a) 数据遍历　　　　　　　　(b) 层次分解　　　　　　　　(c) Tucker 分解

图 4.8　　不同方法范围检索

由实验结果可以看出，基于张量分解的数据检索可以取得与传统数据遍历同等的效果，并且显著提升检索效率。

4.2　数据压缩与更新

4.2.1　特征驱动的时空场数据压缩方法

随着地球系统模型在精细计算格网中的快速发展和多场景模拟实验的集成，气候模式数据量呈指数级增长 (Sudmanns et al., 2018)。有损压缩通过逼近原始数据来减少数据空间的占用，是解决大数据量的重要手段 (Baker et al., 2016)。而地球系统变量不仅呈现出空间、时间和属性等不同维度的高维耦合特性，还具有数据分布不均匀、空间非均匀性和时间非平稳等异质性结构 (Runge et al., 2019)。如何在有损压缩中同时考虑数据的高维耦合性和异质性结构特性，是提高有损压缩中特征精确逼近进而降低压缩误差的重要手段。

张量分解作为高维数据时空耦合特征提取的重要方法，为高维耦合时空场数据的有损压缩提供了潜在工具。然而，传统张量分解方法多直接应用于原始整体数据，忽略了数据局部结构的差异性。考虑将原始数据分割成局部结构相对一致的数据块，对每个局部结构变异较小的数据块单独应用张量分解，可以降低数据整体的局部结构异质对特征精确逼近的误差。具体来说，由于局部区域内气候模式数据的耦合相关性不同，对于给定的压缩约束 (如最大压缩误差)，应根据相应的数据特征灵活选择不同变量或数据块的压缩参数，以更好地捕捉局部耦合相关性的变化，提高近似精度。因此，通过构建压缩误差与压缩参数之间的数学关系，可以根据精度要求调整压缩参数。基于此,构建气候模式数据的张量压缩方法 (图 4.9)。首先,将原始地球系统模式数据 (earth system model data, ESMD) 拆分成小数据块。在这个过程中,数据分块的维度和数据块的最佳大小是通过在维度和块数方面进行不同的数据分块组合来确定的。其次,计算压缩误差与压缩参数的关系。为了获得每个数据块的压缩误差的均匀分布,建立压缩误差与秩之间的经验关系,其中每个数据块的秩可以在任何给定的压缩误差下进行调整。最后,自适应搜索最佳压缩参数。采用二分搜索法搜索最优压缩参数,并通过参数控制机制更新,直到压缩误差满足给定约束。

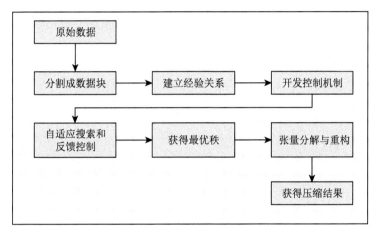

图 4.9　基于异质性分割的张量压缩

基于图 4.9 可以较好地实现数据的压缩。例如,对于一个三阶张量 $X \in \mathbb{R}^{I \times J \times K}$,需要的存储空间为 $I \cdot J \cdot K \cdot Q$ 字节,其中 Q 为数据元素类型大小;对张量 X 做秩 $-R_1 \times R_2 \times R_3$ 的张量近似后,需要的存储空间减少至 $[R_1 \cdot R_2 \cdot R_3 \cdot Q + (I \cdot R_1 + J \cdot R_2 + K \cdot R_3) \cdot Q]$ 字节,从而实现了数据压缩的效果,并保持原有数据的特征。

选取 8 套不同的气候再分析数据,在不同参数下的压缩时间和内存占用情况如图 4.10 所示。

如图 4.10(a) 所示,位于上侧的图例对应左侧的坐标轴,位于下侧的图例对应右侧的坐标轴。分析可得,由于 Air、Hgt、Uwnd、Vwnd、Wspd 这五个索引的结构比其他三个索引要复杂,因此在不同等级上花费的时间要多。这五个索引的压缩能在 74s 内完成,压缩的时间成本随着等级的增加而缓慢增长。当数据重构的等级为 1000 时,可视化压缩中误差已经很小,压缩对空间分布的影响也很小 (图 4.11 和图 4.12)。

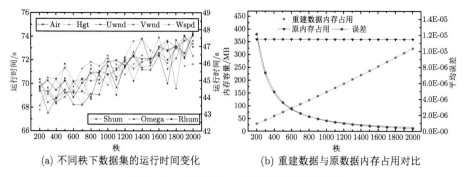

(a) 不同秩下数据集的运行时间变化   (b) 重建数据与原数据内存占用对比

图 4.10   时间消耗、内存占用和平均误差

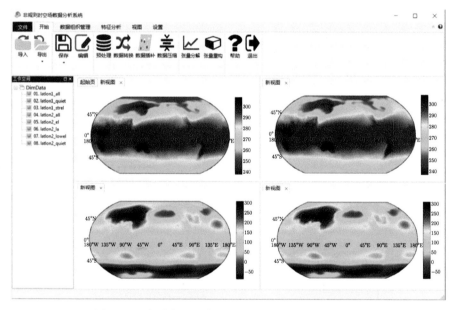

图 4.11   张量分层压缩分解与重构测试 (Air 和 Hgt)

由于误差结构非常相似，所以选择温度数据 (Air) 做进一步分析，如图 4.13 所示。结果显示，张量结构对于数据在磁盘与内存占用等存储方面比传统的领域应用格式更有优势 (ASCII、MATLAB mat、NetCDF、HDF、HMGFR)，从而有效支撑了海量非规则时空数据的管理与分析工作。为了验证本书的分块层次压缩对数据添加与持续压缩的优势，将本书压缩方法设置不同的秩 (rank)，并与 MATLAB 内置方法进行对比。实验表明，在保证错误率都很低的情况下，本书压缩方法所花费时间更少，并且随着数据量的增加也呈线性增加，平均错误率更低，比 MATLAB 更加稳定。

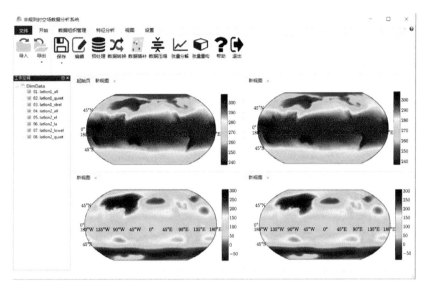

图 4.12 张量分层压缩分解与重构测试 (Uwnd 和 Vwnd)

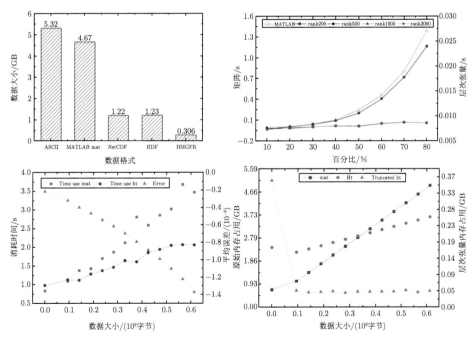

图 4.13 动态数据插入和局部查询的性能对比

为进一步验证本书方法对于数据的追加和更新的支持特性,从原始数据中随机选择不同数量的时间片,并记录插入数据的大小,以此比较本书方法 (Ht) 和

MATLAB 矩阵运算 (mat) 的插入时间消耗。为了减少数据量，在恒定 rank 为 1000 的情况下利用截断的分层张量 Tucker 分解 (Truncated ht) 进行压缩，可以看出所选方法在时间消耗上比 MATLAB 内置函数更少，并且时间消耗与数据大小几乎呈线性增长关系，在时间消耗上也比 MATLAB 内置函数更稳定。虽然平均误差随着插入数据量的增加而增加，但从整体上来看，平均误差仍然足够小，不会对数据质量产生太大影响。对于内存使用情况，当数据量较小时，结果显示本书方法会占用更多内存，但增长速度比 MATLAB 慢。如果应用 Truncated ht，则内存使用将又会降低。基于张量的方法比原始的 Truncated ht 表示和 MATLAB 占用更少的内存。Truncated ht 在内存占用方面更加稳定，并且受插入数据量的影响很小，使得其更加适用于大规模高维数据的存储和更新。

4.2.2　基于张量分解的气候模式时空场数据连接与追加

1. 基于张量分解的数据连接与融合

时空场数据利用 Tucker 分解后，会得到对应于每个维度的因子矩阵和核张量。其中因子矩阵代表了原始数据在各个维度组合上的数据投影，且其行和列代表了原始数据在该维度上两个不同方面的信息：① 不同的行代表该维空间位置信息；② 不同的列代表该维度上投影特征的显著性程度 (Kressner and Tobler, 2014)。因此利用张量分解得到的因子矩阵，不仅可以对基于张量分解方式存储的多维时空场数据进行范围检索和多尺度分析，还可以对多个数据进行连接和融合操作。

基于张量分解的多个时空场数据的连接和融合可以通过基于张量分解的数据结构的连接和求和运算得到。基于张量 Tucker 分解的连接运算可以用如图 4.14

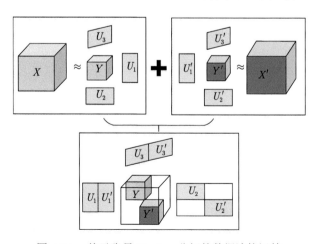

图 4.14　基于张量 Tucker 分解的数据连接运算

的操作进行,将张量 A 和 A' 按照第二维进行连接。将原始张量数据进行 Tucker
分解,由于数据其他维度都相同,只有要进行连接的维度可能会不同,因此只需
要将因子矩阵对于连接维进行矩阵对角合并,而对于非连接维直接按列进行合并。
图 4.15 为基于 Tucker 分解的两个时空场数据的连接。

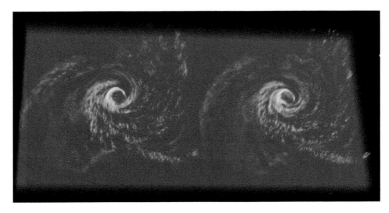

图 4.15 基于张量 Tucker 分解的时空场数据连接

基于张量 Tucker 分解的求和运算可以用如图 4.16 的操作进行。具体来说,
通过将原始张量数据进行 Tucker 分解,因子矩阵全部按列进行合并;核张量则直

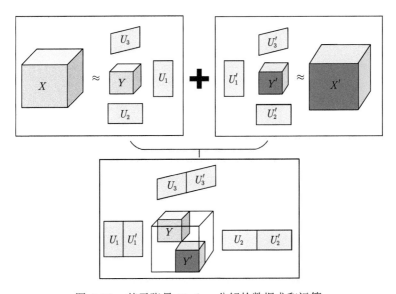

图 4.16 基于张量 Tucker 分解的数据求和运算

接进行对角合并，得到的新的 Tucker 分解的张量数据进行张量重构就是两个数据求和的结果。图 4.17 为基于 Tucker 分解的两个时空场数据的融合。

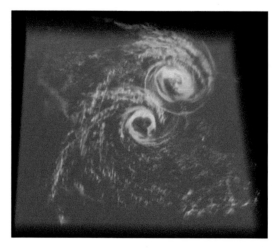

图 4.17　基于张量 Tucker 分解的时空场数据融合

2. 基于张量层次分解的数据动态追加

地学时空场数据是不断累积和追加的一个过程，利用张量层次分解对维度结构的揭示特性，可构建时空场数据的张量追加操作。例如，将张量 $Y \in \mathbb{R}^{I_1 \times I_2 \times \cdots \times I_N}$ 追加到张量 $X \in \mathbb{R}^{I_1 \times I_2 \times \cdots \times I_N}$，则需要对两个张量分别进行层次分解，并且需要设置相同的树的节点数。对于两个张量的叶子节点有两种数据追加方式，保持其他维度都相同，将要追加的那个维度 I 进行简单的数据追加，因此只需要将 Y 中叶子节点的系数矩阵连接到 X 对应节点的列后面即可，用公式 $[X, Y]$ 表示；对于要追加的那个维度的叶子节点，需要进行对角追加，用公式 $\begin{bmatrix} X, 0 \\ 0, Y \end{bmatrix}$ 表示。对于非叶子节点，采用对角追加的形式。基于张量层次分解的数据追加流程见图 4.18。

通过以上流程分析可以看出，时空场数据的动态追加，需对原始张量数据进行分层分解，每个节点只存储比原始数据占有空间更少的子空间数据。而数据的追加并不需要进行计算，只需要在对应节点直接追加或对角追加，但这样会出现大量的对角阵，占用大量空间，因此还要对添加数据后的新树进行重新压缩。

对添加数据后的新树的压缩算法流程如下：① 对树中节点的系数矩阵正交化。正交化方法可以采用矩阵的 QR 分解，得到的 Q 矩阵为正交矩阵，R 矩阵为上三角矩阵。从叶子节点开始，将 Q 作为叶子节点，R 矩阵并入父节点再次做 QR 分解，依次类推直到根节点，这样除根节点之外的矩阵都是正交矩阵。

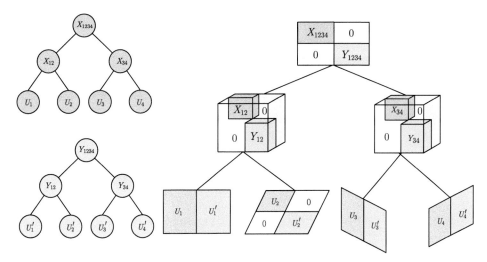

图 4.18   张量层次分解数据追加

② 在正交化的基础上再求出每个节点对应的 Gramian 矩阵。③ 最后根据 Gramian 树与原始正交化的树进行结合再次做 SVD 分解即可得到新的压缩树。选取变量 QVAPOR 和 Cloud 进行数据追加动态实验，其结果如图 4.19 和图 4.20 所示。

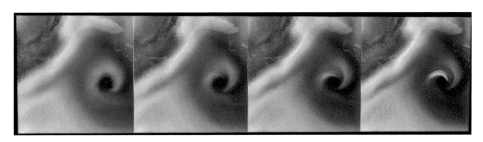

图 4.19   变量 QVAPOR 追加四个小时的变化

图 4.20   变量 Cloud 追加四个小时的变化

4.3　数据多尺度抽取

4.3.1　基于张量分解的数据多尺度抽取

如何提取多维时空场数据在不同尺度的特征、进行多维时空场数据的尺度转化，是实现多维时空场数据知识挖掘及与其他地理数据协同分析的关键问题。传统的时空场数据的多尺度抽取方法需要对每一个尺度的数据建立一个模型。但在张量模型中，根据 Tucker 分解的特点，因子矩阵的行所代表的信息和张量维度具有直接的相关性，可以直接对因子矩阵进行采样，降低分辨率，得到较小尺度的数据。因此，基于张量 Tucker 分解的多尺度分析方法不需要对每一个尺度都构建一个数据模型，只需要对原始数据进行张量 Tucker 分解得到对应维度的因子矩阵，进而对因子矩阵进行对应尺度的采样，并与核张量进行张量重构，就可以得到相应尺度的数据。如图 4.21 第三行，表示对因子矩阵按照对应尺度进行采样。

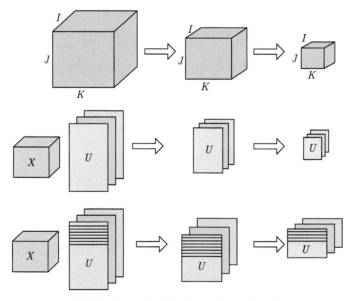

图 4.21　基于张量 Tucker 分解的数据采样

利用因子矩阵 $A^{(n)}$ 的行 I_n 和原始张量数据对应维度的分辨率相关，将因子矩阵相邻的行求取平均值进行融合或者隔行抽取的方式，可以得到行数为 $I_n/2$ 的因子矩阵 $A_{\triangledown}^{(n)}$，基于采样的因子矩阵重构张量就可以构建分辨率为原来一半的数据。对原始数据进行不同分辨率的采样，可以得到为原来数据 1/2、1/3、1/4 等不同尺度的数据。同样，基于张量 Tucker 分解数据结构的多尺度分析也具有维度的灵活性,可以单独对某一维度降低分辨率,而其他维度不变。这也体现了基于张量的数据结构的维度无关性。

基于张量层次分解的多尺度分析方法和基于张量 Tucker 分解的多尺度分析具有一定的相似性。为得到不同尺度的数据,不需要对每一个尺度都构建一个数据模型,而是通过对原始数据进行层次分解,得到核张量和对应维度数目的因子矩阵。对因子矩阵进行对应尺度的采样,核张量不需要进行任何的改动,最后进行张量重构,就可以得到相应尺度的数据 (图 4.22)。

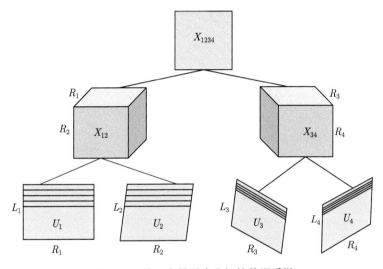

图 4.22 基于张量层次分解的数据采样

由以上分析可以得到,基于张量的多尺度变换能够覆盖全部的时空场数据,满足时空场数据在不同区域上的尺度变换。同时,该方法利用张量分解系数和原始数据的关系,使其对原始数据的操作转换到对应分解系数上,并且中间的计算结果和计算过程清晰简明,可以进行理论化的推导,计算量小。因此,所提出的基于张量的多尺度变换适用于大规模数据的尺度变换。

4.3.2 张量多尺度抽取在气候模式数据中的应用

基于全球范围的气候模式模拟数据 Cloud $\in \mathbb{R}^{1024 \times 512 \times 26}$ 和美国国家大气研究中心提供的模拟飓风模式数据 QCLOUD $\in \mathbb{R}^{500 \times 500 \times 100}$,通过对比原始数据直接采样、原始数据采样后张量分解和直接基于张量分解数据的多尺度分析方式,验证所提出的基于张量时空场数据多尺度分析方法的效果 (图 4.23)。

利用张量分解灵活的维度组合特性,可以对原始数据进行不同维度不同尺度的变换。利用这种方式可以对某一维度数据进行拉伸,以更好地关注特定维度数据的变化，从而便于更好地对数据进行分析和可视化。图 4.24 是基于 Tucker 分解的多尺度变换，其中图 4.24(a) 为原始气候模式时空场数据；图 4.24(b) 为沿 x 和

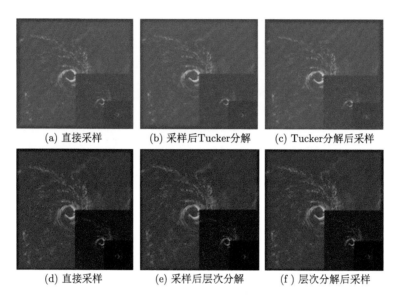

(a) 直接采样   (b) 采样后Tucker分解   (c) Tucker分解后采样

(d) 直接采样   (e) 采样后层次分解   (f) 层次分解后采样

图 4.23   基于张量 Tucker 分解和层次分解的多尺度分析

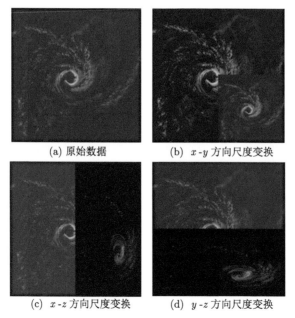

(a) 原始数据   (b) x-y 方向尺度变换

(c) x-z 方向尺度变换   (d) y-z 方向尺度变换

图 4.24   不同维度多尺度变换

y 方向进行 1/2 尺度变换，z 方向不进行变换，得到的数据相对于原来的数据是在 z 方向进行了拉伸；图 4.24(c) 为沿 x 和 z 方向进行 1/2 尺度变换，y 方向不进行变换，得到的数据相对于原来的数据是在 y 方向进行了拉伸；图 4.24(d) 为沿 y 和 z 方向进行 1/2 尺度变换，x 方向不进行变换，得到的数据相对于原来的数据是在 x 方向进行了拉伸。

4.4　本 章 小 结

本章利用张量算子灵活的维度运算特性和张量分解对特征的维度揭示特性，实现了时空场数据张量统一操作模型，可有效支撑不同层面的数据操作；降低了时空场数据对特征结构和模式关系的隐式表达导致的数据操作的复杂性，建立了数据空间–特征空间–数据空间的映射模式；利用张量分解将原始高维数据空间转变成维度信息、特征和关系有机整合的特征空间，形成了一系列以特征空间为操作主体的面向数据、特征、结构和关系等的数据操作算子集，实现了不同的操作方法和操作模式在统一张量框架下的高效化、动态化的支撑。

第 5 章 时空场数据的计算模型

时空场数据计算模型是实现场数据高效分析、低成本存储、便捷通信的重要途径。现有地理时空场数据计算模型在数学基础、计算模式方面存在多样性、不一致性和强复杂性等问题。本章基于多维统一的张量数据组织和直接面向维度的张量运算，从算子化、函数化、模板化的自适应计算视角出发，分别对地理时空场特征测度、特征分析和数据计算建立张量计算的算子抽象方法，实现时空场数据基本测度，分析功能和业务流程在自封闭的张量系统下的统一构建。

5.1 数据测度算子

张量数据的特征测度，作为对非规则张量数据特征的量化，通过把特征信息转化为数量，有助于提升对测度现象本质特征的认识，并对后续的特征分析具有重要的指导意义。常规张量的测度主要包括张量数据大小、秩序程度和特征分布等；而非规则张量在数据组织、表达模式和结构上都存在一系列的差异。因此，需要在常规测度的基础上，根据数据本身的特性来构建不同类型的非规则特征测度算子，以实现基于特征测度的非规则时空场数据的分析框架构建。

5.1.1 时空场数据的测度算子

对于时空场数据的基础测度，通过对已有张量分析的梳理，分别从数据大小、秩序程度、特征向量三个视角对张量分析的基础测度算子进行构建，如图 5.1 所示。在具体展开思路上，对于数据大小，考虑到张量数据是一个多维耦合嵌套的数据，当从多维整体观测时，需要测度数据的整体大小，当从局部观测数据时，需要测度数据的局部大小，并且考虑张量数据在不同维度及维度组合上的特征向量的差异，需要从更通用的视角测度其特征的大小。在具体形式上，利用 L1 范数作为距离测度的推广，通过构建所有元素的绝对值之和来测度张量数据的整体大小，并利用张量在不同模展开矩阵上的范数来测度张量数据整体在不同维度上的局部大小。对于特征的大小，则通过测度不同模展开矩阵的核范数的均值来测度整体张量的特征大小。在实际应用层面，L1 范数常用于数据的稀疏表达；模范数是不同维度上数据绝对值之和的最大值，可用于数值分析中解的收敛判断和误差的上下界分析；而核范数作为张量空间到实数空间的映射，可用于张量方程解的稳定性和收敛性的判定。

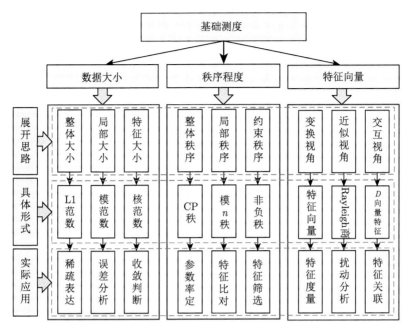

图 5.1 时空场数据的张量基础测度

对于张量数据的秩序程度，类似地分别从整体秩序、局部秩序及附加约束的秩序程度三个层面进行构建。对于数据的整体秩序程度，这里利用张量 CP 分解从数据整体构型上对张量进行秩一逼近，构建基于 CP 秩的张量数据整体秩序测度算子。对于数据的局部秩序，由于模 n 矩阵可以看作是从不同局部视角透视整体张量数据，因此模 n 秩可以近似认为测度了张量数据的局部秩序。考虑到现实的时空场数据有很多都是非负的，张量非负分解得到的非负秩可以认为测度了原始张量数据带有约束的秩序程度。

对于张量数据的特征向量，分别从变换视角、近似视角和交互视角进行展开。其中特征向量可以看作是原始张量数据在不同维度上做的投影变换，按照特征值大小排序测度原始数据的不同显著程度的变换方向。借鉴矩阵 Rayleigh(瑞利) 商的高维拓展——张量 Rayleigh 商，将其看作是考虑多个张量数据之间交互作用后对整体特征的把握，因此可用于多个不同属性数据之间的特征关联分析。考虑现实问题求解时，诸如特征向量和特征值可能无法精确求解等问题，可以从近似的角度利用张量 D 特征向量对其进行近似估计。以上分析发现，张量基础测度在诸如误差分析、收敛判断、特征度量、特征关联等地理分析与计算层面都有广泛的应用，为进一步构建非规则特征的测度方法奠定了基础。

在上述通用的特征测度基础上，为构建完备的特征测度方法，还应面向非规则数据自身的特点和分析需求，设计对应的非规则特征测度。这里分别从数据稀疏性、维度非对称性及结构异质性三个视角，结合整体范数定义、维度分布特性、局部特征描述，综合利用张量展开、张量分解和张量重构进行非规则特征测度方法的构建，如图 5.2 所示。

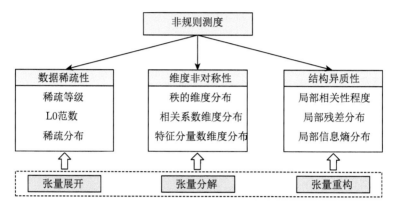

图 5.2　时空场数据的非规则特征测度框架

进一步将第 4 章中构建的特征测度指标以算子的形式给出，如表 5.1 所示，形成融合基础测度和非规则测度的时空场数据的测度方法。

表 5.1　特征测度算子集

	运算	公式	描述
基础测度	L1 范数	$\|X\|_1$	计算绝对值之和
	模范数	$\|X_n\|$	各纤维结构上的 L1 范数的最大值
	核范数	$\|X\|_*$	奇异值之和
	特征向量	$Xx^{n-1} = \lambda x^{[n-1]}$	满足单变量特征方程
	D 特征向量	$Xx^{N-1} = \lambda Dx$	满足多变量特征方程
	CP 秩	$\sum_{i=1}^{r} \delta_i (a_i)^{\otimes k}$	秩一张量的求和
	模 n 秩	$\mathrm{rank}\left([X]_{(n)}\right)$	模-n 矩阵的秩
非规则测度	稀疏等级	$\mathrm{Level}(X)$	非零元素的比例
	L0 范数	$\mathrm{L0}(X)$	非零元数的和
	稀疏分布	$\{\mathrm{L0}(X_{i,:,:}), \mathrm{L0}(X_{:,j,:}), \mathrm{L0}(X_{:,:,k})\}$	各维度上的稀疏度分布
	相关系数分布	$\{\mathrm{var}(\alpha_j^i), \mathrm{var}(\beta_j^i)\}_{i=1,j=1}^{XY}$	各维度上的相关系数方差
	秩分布	$\{\mathrm{rank}(X_{(i,:,:)}), \mathrm{rank}(X_{(:,j,:)}), \mathrm{rank}(X_{(:,:,k)})\}$	各维度子张量的秩分布
	特征分量数	$\{p_i, q_i, r_i\}_{i=1}^{n}$	Tucker 分解的特征分量数
	相关系数序列	$\{\rho_{1,2}, \rho_{2,3}, \cdots, \rho_{n,n+1}\}$	相邻块数据的相关系数
	残差张量分布	$\{\mathrm{res}(A_{i,i+1})\}_{i=1}^{n-1}$	相邻块的残差张量
	信息熵的分布	$\left\{\mathrm{Var}\left(H_i^1, H_i^2, \cdots, H_i^{T_i}\right)\right\}_{i=1}^{n}$	相邻块的信息熵分布

基于上述定义的时空场数据的特征综合测度指标体系，在面对如稀疏、维度

非对称和结构异质等非规则时空场数据时,考虑到非规则时空场数据的特殊性,在基础测度的基础上,还包含非规则特性的测度,进而利用张量的多种分解模式,面向时空场数据诸如数据采集和输出、时空特征分析、快速检索等不同的应用需求设计不同类型的张量表达结构,并针对不同类型的数据表达结构,设计数据的切块与分片等操作规则、稀疏时空场数据的插值策略、维度非对称数据的维度聚合和特定维度约减方法及结构异质数据的数据分割和时空顺序聚类规则,建立非规则时空场数据的数据检索与更新方法。同时,基于张量的表达与运算理论,实现基于张量形式的多维数据的维度分解、子张量重构和多维融合的数据分析等,并进一步面向应用领域,构建基于张量的时空特征解析与过程重构方法。

5.1.2 基于特征测度的时空场分析框架

对于上述构建的基础测度和非规则测度指标,结合多种张量分解模型及张量运算算子,遵循基础测度—数据操作—非规则测度—数据操作—数据分析的研究脉络,构建以测度方法为基础的面向不同类型的非规则时空场数据的分析框架(图 5.3),可以进一步指导非规则时空场数据的数据操作和数据分析。对于给定

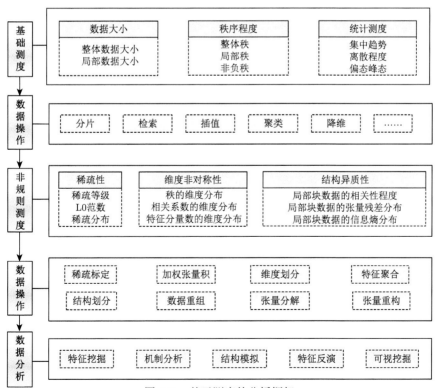

图 5.3 基于测度的分析框架

的非规则数据，可以对其进行基础测度，获得关于数据大小、方向、相似性及基本统计特征等测度特征。基于这些测度特征，可以进行诸如分片、插值、聚类和降维等数据操作。例如，通过计算整体数据和各个维度上的数据的范数，假如某些维度上的范数和整体范数差异较大，可以对数据采取相应的插值或者降维等操作；而对于某些局部数据的秩，在很接近的情况下，相应的数据可以进行统一的分片或者检索操作等。

5.2   时空场特征分析业务流模板

受地学时空场数据本身的复杂性和分析需求的多样性制约，传统时空场数据分析系统多采用不同的数据类型组织，各分析模型之间的差异性较大。基于张量数据组织的多维统一特征与直接面向维度的张量运算对构建统一高效的数据流表达和结构一致的业务流分析模板具有重要意义 (图 5.4)。

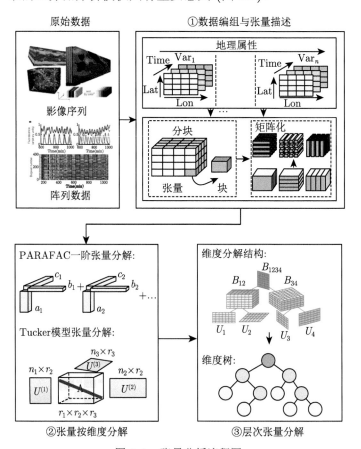

图 5.4   张量分析流程图

为兼顾数据存储与时空分析的需求，面向不同业务需求设计不同的数据表达形式，并形成相应的数据流结构 (图 5.5)。张量是整个数据组织与建模的核心，为兼顾数据采集、分析和存储的全过程，分别设计面向多维数据的张量表达结构、面向地学特征分析的系数张量结构和面向压缩存储与共享的层次张量结构。三者统一于张量表达与分析框架并可通过张量运算相互转换，进而可设计海量时空场数据分析的业务流程：① 海量数据组织与变换；② 张量数据操作与检索；③ 基于主张量的数据特征分析；④ 基于主张量时空重构演化分析；⑤ 结果可视化与表达；⑥ 数据存储与共享。

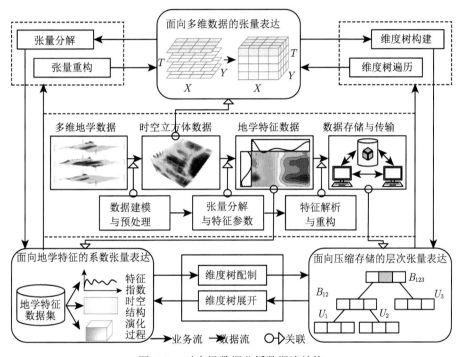

图 5.5　时空场数据分析数据流结构

一个典型的分析模版如图 5.6 所示，对于任意给定的地理时空场数据集，基于原始的张量结构进行张量数据建模，并根据数据分析的时空需求选取典型的样区和分析时段。对所选择的张量数据进行 PARAFAC 或 Tucker N 模式的张量分解，获得相应的分解系数。引入参照数据对张量分解获得的系数进行序列比对与特征滤波，进而获得原始时空场特征数据。利用张量积重建张量子空间，实现对给定维度组合特征及时空演化过程的重构与模拟。最后对结果进行特征驱动的可视化及基于维度树的数据入库与存储。

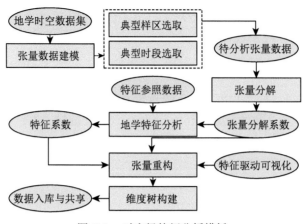

图 5.6   时空场特征分析模板

5.3   基于张量的高维时空场数据计算模板

张量结构的灵活性与可计算性使其可以完整地支撑从数据采集到数据分析的全过程，且可以根据数据处理的整体流程选取适当的数据结构与分析方法构建业务流分析模版 (图 5.7)。该技术主要利用主张量分解对不同维度时空场进行特征解析与重构分析。其核心模块包括张量的 Tucker 分解、基于张量分解的时空特征解析、时空过程重建、要素关系分析模型、要素模式匹配等时空场要素分析功能。对于任意给定的地理时空场数据集，基于原始的张量结构对其进行张量数据建模，根据数据范围及分析需求可以对所选择的张量数据进行相应的组织

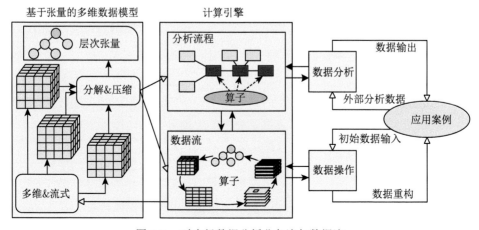

图 5.7   时空场数据分析业务流与数据流

与表达，通过对其张量子空间的重建实现对数据的特征解析、重构与分析。利用层次张量的子空间重组与逼近，可以实现面向分析的数据的按需重组与高效计算。

基于以上分析可设计海量时空场数据分析的业务流程：① 对海量数据进行组织与变换，生成相应的张量结构；② 利用张量算子，实现对张量数据的操作与检索；③ 基于主张量分解进行数据特征分析，并可根据给定的对比数据进行特征比对与匹配；④ 基于主张量分解系数，选定特定的子空间组合，进行时空特征重构和演化过程分析；⑤ 对时空特征分析、子空间重构及过程分析结果进行可视化表达；⑥ 对原始数据和中间分析结果数据进行存储与共享。其中张量结构生成主要实现多维时空场数据的标准化、归一化与时空编组等步骤，最终形成基于张量表达的多维数据结构，并通过主张量分解得到子张量系数进行地学特征分析。该步骤主要与系数张量结构相关联，最后通过设计张量的层次分解算法，并通过二叉树的存储结构实现张量数据的压缩存储与高效传输。

5.4 非规则张量的算子描述与算法构造

5.4.1 操作与算子描述

以非规则时空场张量数据组织和表达模型为基础，采用面向对象思想中的封装机制，最大限度抽象不同类型非规则张量的通用计算类型，如张量特征测度、张量分解、张量重组等通用操作，构建适用于不同类型非规则时空场张量分析和计算的公共算子基础类，建立面向不同类型非规则张量分析的统一算子接口。在此基础上，通过算子类继承机制，实现非规则张量算子公共基础类向不同类型非规则张量算子类的派生与泛化。利用面向对象思想中的多态机制，将不同维度非规则张量算子在计算结构和数学机理等方面的差异封装在统一的算子接口内部，构建面向不同类型张量分析需求的、通用的、统一的算子接口。

公共基础类定义：

$$ST \Rightarrow \langle \mathrm{GeoSTObj}, P, F, O \rangle \tag{5.1}$$

式中，$\mathrm{GeoSTObj} = \{\mathrm{RST}, \mathrm{SST}, \mathrm{AST}, \mathrm{HST}, \cdots\}$，$P = \{D, R, \cdots\}$，$F = \{\langle S, T \rangle, \mathrm{Attr}, \cdots\}$，$O = \{\mathrm{Opr}, \mathrm{func}, \cdots\}$。

面向具体非规则张量分析需求的算子类均继承于非规则张量的公共基础类（图 5.8）。公共基础类实现了对不同类型非规则张量通用算子的最大化抽象，为不同类型非规则张量分析提供了统一的算子接口。但非规则张量公共基础类本质上是一个通用的抽象类模版，仅提供了形式化的不同类型算子接口的定义，没有给出具体的算子实现方法。在面对具体非规则时空场分析需求时，需要根据具体时空场类型，以算子类继承的方式对公共基础类中的抽象算子进行重载和算法重构。通过面向对象思想中的封装、继承和多态机制，最大限度地隐藏不同类型非规则张量算子在算法构造、计算类型、数学机理等方面的差异，以统一的算子接口，实现不同类型非规则张量算子的归一化设计，为构建通用的非规则时空场分析算法模版提供基础。在此基础上，给出了非规则张量的典型分析算子 (表 5.2)。

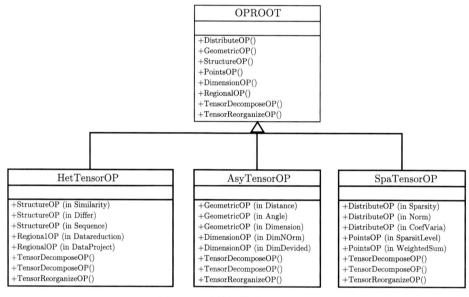

图 5.8　张量操作算子的类图

表 5.2　非规则张量的典型分析算子

主要功能	主要算子	典型算子案例
分布特征测度	稀疏度、数值大小、标量积、范数、变异系数	范数: $\|X\| = \sum_{i_N=1}^{I_N} \cdots \sum_{i_2=1}^{I_2} \sum_{i_1=1}^{I_1} \|x_{i_1 i_2 \cdots i_N}\|$
几何特征测度	距离、角度、维度大小	角度: $\dfrac{(X, Y)}{\|X\| \|Y\|}$
结构特征测度	相似性、差异性、秩	模 n 秩: $\mathrm{rank}\left([X]_{(n)}\right)$
点集操作	稀疏标定、加权求和	缺失值标定: $w_{ijk} = \begin{cases} 1, & \text{如果 } z_{ijk} \text{ 已知} \\ 0, & \text{如果 } z_{ijk} \text{ 未知} \end{cases}$
维度操作	维度抽象、维度划分矩阵化、纤维化外积、模 n 乘积、张量积	维度划分: $\mathrm{Div}(N) = \aleph \cup \aleph$ 矩阵化: $\mathrm{Slice}(X)$ 模 n 乘积: $X \times_n Y$
区域操作	数据约减、数据投影数据分块、数据合并	数据投影: $f: X \in \mathbb{R}^{3 \times \ell} \to Y \in \mathbb{R}^{\ell}$ 数据分块: $\mathrm{SplitToBlock}(X, n) = \{X_i\}_{i=1}^{n}$
特征分解	CP 分解、Tucker 分解、层次分解	Tucker 分解: $X \approx S \times_1 U^{(1)} \times_2 U^{(2)} \times_3 U^{(3)}$

5.4.2 基于算子的非规则时空场分析算法模式

考虑时空场数据的非规则特性，构建非规则时空场数据的张量建模与分析方法可以分解为以下几个问题：第一，由于时空场数据的非规则性比较复杂，需要构建一个规范化的数学描述，以便对时空场数据进行完备的张量描述。其不仅能够描述常规张量特性，还应能够涵盖一些典型的非规则属性，以方便后续在这个规范化的数学描述体系上架构分析方法。第二，考虑到非规则时空场数据的结构特殊性，常规的张量分析方法无法直接应用，一个可行的方法是利用算子来构建，将非规则时空场数据尽可能地规则化。进一步，在这些构建的规则化算子的基础上，将其与常规张量分析方法相结合，构建适用于非规则张量的数据分析方法。

以面向对象的程序设计思想为准则，对上述算子进行多态化构造，即通过多态机制实现同一类算子对不同类型非规则时空场张量运算的适用性，从而实现非规则时空场张量分析在结构上的一致性。非规则时空场分析算子的多态抽象与接口设计如图 5.9 所示。

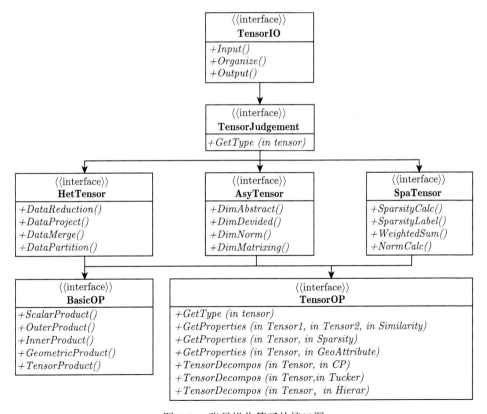

图 5.9　张量操作算子的接口图

非规则张量分析算法模版以非规则张量操作算子为基础,利用面向对象思想中的多态机制,将不同类型非规则张量分析算子封装为统一的算子接口。非规则张量分析算法模版接口总体上可以分为以下四种:① 张量组织接口;② 张量特征测度接口;③ 张量操作接口;④ 张量分析接口。

在基于分析模版的非规则时空场数据分析过程中,首先通过张量组织接口,利用统一的非规则张量数据组织和表达结构对非规则时空场数据进行存储表达;然后根据张量结构特征测度算子甄别非规则张量的特征参数,进而确定张量类型;在确定非规则张量类型的基础上,根据具体张量类型和分析需求,通过张量操作接口调用对应的张量操作算子对张量进行结构重组、特征重构、维度转换等操作;最终根据张量分析需求,通过张量分析接口选择对应的张量分析算子,并通过算子的重载和算子间的结构重组构建满足特定张量分析需求的算法。

5.5　张量分解的并行改造

张量分解中的核心求解算法是高阶正交迭代 (HOOI)(Liu et al., 2015),在该计算过程中,张量数据和任何一个 mode 上的因子矩阵的乘法产生的中间计算结果的数据大小远远超过求解的因子矩阵的大小,而且张量与矩阵相乘时需要沿着不同 mode 展开,从而使数据传输开销很大,因此 HOOI 的直接处理导致 CPU 的计算量很大。解决这个问题需要减少中间结果张量的大小,同时将张量以分片的形式与因子矩阵进行 n-mode 乘积,这样可以利用 GPU 对分片数据进行同步计算处理,并且通过 CPU 的协同,既可以解决中间结果过大的问题,还可以通过 GPU 的分片数据的大量并行,大大提高时间效率。

并行改造的核心流程如图 5.10 所示,首先根据分片思想,以大型三阶数据张量 $X \in \mathbb{R}^{I_1 \times I_2 \times I_3}$ 为例,对数据张量进行预处理分块。张量 X 在第 n 个方向的大小为 I_n,如果张量 X 需要被分为 M 块,根据分解规则,其每个分块也为三阶张量。因此对张量 X 同时沿着三个方向分别进行分块。假设将张量 X 的第 n 个索引方向分为 P_n 块,那么每个子张量在第 n 个索引方向的大小为 I_n/P_n。张量 X 在进行分块后每个小张量的大小为 $R^{(I_1/P_1) \times (I_2/P_2) \times (I_3/P_3)}$,且满足 $M = P_1 \cdot P_2 \cdot P_3$,其中 P_n 的大小可以预先指定。如果一个分块包含有张量 X 在第 n 个索引方向的第 P_n 个分段的元素,则把该分块表示为 $X[P_1, P_2, P_3] \in \mathbb{R}^{(I_1/P_1) \times (I_2/P_2) \times (I_3/P_3)}$。

随后要对其对应的因子矩阵 $U^{(1)}, U^{(2)}, U^{(3)}$ 分块。对于因子矩阵 $U^{(n)} \in \mathbb{R}^{I_n \times R_n}$,其第 1 个方向大小为 I_n,也应该被分为 P_n 块,其第 2 个方向大小为 R_n,应该被分为 Q_n 块,且必须满足 $R_n/Q_n \leqslant I_n/P_n$,该约束条件能够保证在 n-mode 乘积后,张量在第 n 个方向的大小不会增加。用 $U^{(n)}[p, q]$ 来表示 $U^{(n)}$ 分块在其第 1 个索引方向占据第 p 段及第 2 个索引方向占据第 q 段。

如果张量 $X \in \mathbb{R}^{I_1 \times I_2 \times I_3}$ 被分成 $P_1 \times P_2 \times P_3$ 块,因子矩阵 $U^{(1)^{\mathrm{T}}}, U^{(2)^{\mathrm{T}}},$ $U^{(3)^{\mathrm{T}}}$ 分别被分成 $Q_1 \times P_1$、$Q_2 \times P_2$、$Q_3 \times P_3$ 块,那么张量 X 与转置的因子矩阵 $U^{(3)^{\mathrm{T}}}$ 的 3-mode 乘积依然是张量 X',且其有 $P_1 \times P_2 \times Q_3$ 块。用 $X'[P_1, P_2, P_3]$ 来表示 X' 的一个分块,其在 I_3 方向的矩阵展开式为 $X^{(3)}[P_1, P_2, P_3]$,如

$$X^{(3)}[P_1, P_2, P_3] = \sum_{P_3=1}^{P_3} X[P_1, P_2, P_3] \times U^{(3)^{\mathrm{T}}}[p_3, q_3]。$$

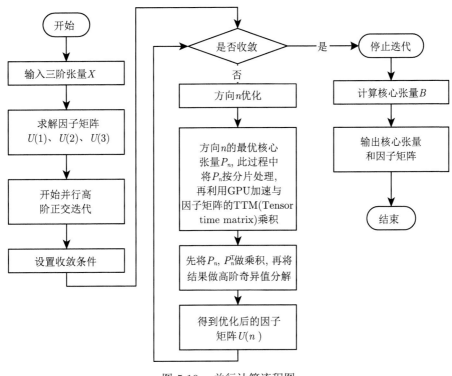

图 5.10 并行计算流程图

其中,对于每块的 3-mode 乘积 $X[P_1, P_2, P_3,] \times U^{(3)^{\mathrm{T}}}[p_3, q_3]$ 可以基于 GPU 的张量与矩阵的乘法,采用 GPU 加速进行并行处理。从而实现对 HOOI 的分块并行改造,简写为 GHOOI。其核心改造算法 (GHOOI) 的伪码如表 5.3~表 5.5 所示。

表 5.3   GHOOI 算法

Algorithm1：GHOOI 算法
输入：张量 X 以及秩 $R_1, R_2, \cdots, R_N$
输出：核心张量 Y 以及因子矩阵 $U^{(n)}(1 \leqslant n \leqslant N)$
1：初始化因子矩阵 $U_0^{(n)} \in \mathbb{R}^{I_n \times R_n}(1 \leqslant n \leqslant N)$;
2：$Y_0 = A \times_1 U_0^{(1)^T} \times_2 U_0^{(2)^T} \times \cdots \times_N U_0^{(N)^T}$;
3：令 $l = 0$;
4：for each $n \in [1,N]$ do :
5： $X' = X$;
6：   for each $m \in [1,n-1]$ and $m \neq n$ do :
7： $X' = \text{GTTM}(X', U_{l+1}^{(m)^T}, m, U_{l+1}^{(m)^T}, m+1)$;
8：   endfor;
9：   for each $m \in [n+1,N]$ do :
10： $X' = \text{GTTM}(X', U_l^{(m)^T}, m, U_l^{(m+1)^T}, m+1)$;
11：   endfor
12： $U_{l+1}^{(n)} = \text{SVD}(uf(X',n).uf(X',n), R_n)$;
13：endfor;
14：$Y_{l+1} = X \times_1 U_{l+1}^{(1)^T} \times_2 U_{l+1}^{(2)^T} \times \cdots \times_N U_{l+1}^{(N)^T}$;
15：对于给定 ε, if $\|C_{l+1}\|^2 - \|C_l\|^2 < \varepsilon$ 退出;
16：否则，$l = l + 1$, 从第 4 行重新开始执行。

表 5.4   GTTM(以 GPU 加速的 Tensor time matrix) 算法

Algorithm2：$\text{GTTM}(X', U^{(m)^T}, n, U^{(n+1)^T}, n+1)$
输入：张量 $X \in \mathbb{R}^{I_1 \times I_2 \times \cdots \times I_N}$, 因子矩阵 $U^{(n)^T}, U^{(n+1)^T}$, mode $n, n+1$
输出：结果最优核心张量 Y
1：将张量按 I_n 方向展开为矩阵 $X_{(n)}$;
2：在 GPU 显存中为矩阵 $X_{(n)}$ 和因子矩阵 $U^{(n)^T}, U^{(n+1)^T}$ 分配空间;
3：将 $X_{(n)}$, $U^{(n)^T}, U^{(n+1)^T}$ 从主存传输到显存;
4：将 $X_{(n)}$ 按 I_{n+1} 方向划分为多个矩阵切片;
5：for each:
6：   在显存中为中间结果矩阵 R,Q 分配空间;
7：   将 $X_{(n)}$ 一个矩阵切片 $S_{(n)}$ 与 $U^{(n)^T}$ 进行矩阵乘法;
8： $\text{GTTMKernel}(S_{(n)}, U^{(n)^T}, R)$;
9：   将中间结果矩阵 R 进行转置 R^T;
10：   将 R^T 与 $U^{(n+1)^T}$ 进行矩阵乘法;
11： $\text{GTTMKernel}(S_{(n)}, U^{(n+1)^T}, R)$;
12：   将 Q 组合成张量的展开矩阵 A_n;
13：end for;
14：将 $A_{(n)}$ 从 GPU 显存传回主存;
15：将 $A_{(n)}$ 恢复为最优核心张量 Y。

表 5.5　GTTMKernel［GTTM 中的 Kernel(矩阵乘法)］算法

Algorithm3: GTTMKernel (S, U, R);
输入：矩阵 Sn 和 U
输出：结果矩阵 R
1: 在 SM 中分配 *shared memory* $A[thd][thd]$, $B[thd][thd]$;
2:　$tidr \leftarrow threadIndex.x$;
3:　$tidc \leftarrow threadIndex.y$;
4:　$bidr \leftarrow blockIndex.x$;
5:　$bidc \leftarrow blockIndex.y$;
6:　$sum = 0$;
7:　$for\ i = 0\ to\ Column(Sn)\ step\ thd$:
8:　　　$A[tidr][tidc] \leftarrow S[tidr + bidr][tidc + i]$;
9:　　　$B[tidr][tidc] \leftarrow S[tidr + i][tidc + bidc]$;
10:　　　$threadsyn()$;
11:　　　$for\ j = 0\ to\ thd$:
12:　　　　　$A[tidr][j] * B[j][tidc]$;
13:　　　　　$threadsyn()$;
14: $B[tidr + bidr][tidc + bidc] \leftarrow sum$

5.6　本章小结

　　本章利用张量结构的多维统一性和张量算子的维度运算特性，遵循算子化、函数化、模板化的构建思路，以对象算子化计算为框架，构建了地理时空场张量计算的算子抽象机制，实现了时空场数据的多特征测度算子、系列功能函数及高效的数据流表达和结构一致的业务流分析模板，形成了多源时空场数据在统一张量体系下的自封闭的自适应计算模型。张量算子的维度自适应性及物理意义明确性，使得所构建的时空场张量计算模型具有简明、直观、适用性强等特点，且具备较好的维度扩展性。

第 6 章　规则时空场数据的张量分析

从连续地理时空场数据中识别出显著的张量模态结构，进而重建和反演地理事物或现象的空间分布结构、时空演化过程和连续运动状态，是地理时空分析的关键问题。构建能够支撑时空一体化视角下的时空场数据的特征测度，各维度特征和维度组合特征的提取与分析方法，是时空场数据张量分析的核心内容。在梳理现有时空场分析方法构建思路的基础上，针对现有时空场数据分析的维度拓展困难、参数估计复杂、信息缺失等问题，探讨基于主张量分解的多维时空场数据的特征分析方法及张量数据的特征测度方法，并给出其在海洋时空场数据中的典型应用。

6.1　时空场数据特征多维度透视

主张量分解是主成分分析的高维扩展，其利用低阶张量对高阶张量的近似逼近实现数据的特征解析。PTAk 方法采用广义奇异值分解 (generalized SVD) 和修正最小二乘法进行主张量计算，可更好地从高维空间寻找逼近原始张量的正交子张量，并基于特征值进行主张量的信度检验及筛选 (Leibovici, 2010)。三维张量 X 的 PTA3 分解形式为

$$\sigma_i = \max_{\substack{\|\psi\|_s=1 \\ \|\varphi\|_v=1 \\ \|\phi\|_t=1}} X..(\psi \otimes \varphi \otimes \phi)$$

$$= X..(\psi_i \otimes \varphi_i \otimes \phi_i) \tag{6.1}$$

式中，σ_i 为第 i 个主张量的特征值；ψ_i、φ_i 和 ϕ_i 分别为 n 维、p 维和 q 维向量，代表第 i 个主张量。运算符 ".." 表示的是张量的缩进运算，此处等价于张量空间的内积运算，"$\otimes$" 为张量积或 Kronecker 积。基于分解所获得的一阶主张量系数，可以进一步利用张量积，构建张量 X 的二阶张量分解：

$$X..(\psi \otimes \varphi \otimes \phi) = (X..\psi)..(\varphi \otimes \phi)$$

$$= (X..\varphi)..(\psi \otimes \phi)$$

$$= (X..\phi)..(\psi \otimes \varphi) \tag{6.2}$$

对于 N 维张量, 可分别构建维度为 $I_1, I_2, \cdots, I_N$ 的张量分解模型。

主张量分解为多维时空数据的结构特征解析与多维度重构提供了基础模型, 图 6.1 为基于 PTA3 模型的时空场数据特征解析与多维度重构示意图。以四维时空场数据为例, 原始的四维时空数据可利用多个三阶主张量之和进行近似逼近。每一个主张量均可分解获得 X 轴、Y 轴及时间 (T) 三个方向上的系数信息。三者的张量积可重构原始的时空过程矩阵。任意两个不同维度系数间的张量积可再现原始时空过程在该两个维度上的透视信息, 可提取出原始时空过程在不同维度上的耦合特征, 实现以特定维度为视角的原始时空过程维度透视, 进而从不同的视角揭示原始时空过程在特定组合维度上的分布特征及演化过程。如 X、Y 向系数可以重建出各主张量的空间型, 时间系数与 X 向系数可重建时间-X 向耦合演化特征。特定维度的一阶张量与其余两个维度构成的二阶张量间的张量积可重构出三

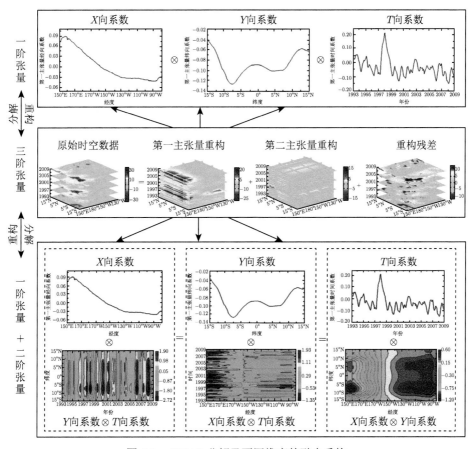

图 6.1 PTA3 分解及不同维度的融合重构

阶主张量，表征了特定的时空演化结构及其演化过程。PTA3 张量分解结果的唯一性与多维统一性保证了不同维度张量间结构与关联的一致性 (Leibovici et al., 1998)，可支撑不同维度的动态联动可视化，实现对原始时空数据的结构解析与动态表达。

6.2 规则时空场数据的特征测度

6.2.1 度量张量整体大小的范数

范数是距离测度的推广，是对于距离更加通用的函数定义，其将不能比较的向量或者矩阵转换成可以比较的实数，实现了对象大小的测度和对象之间的比较。不同形式的范数类似于从不同的视角对对象做了距离的测度，其类似的定义也可以在张量空间中推广。

1. L1 范数

范数中最常用的是 L1 范数，是各个元素绝对值之和，对于给定的 N 阶张量 $X \in \mathbb{R}^{I_1 \times I_2 \times \cdots \times I_N}$，其定义如下：

$$\|X\|_1 = \sum_{i_N=1}^{I_N} \cdots \sum_{i_2=1}^{I_2} \sum_{i_1=1}^{I_1} |x_{i_1 i_2 \cdots i_N}| \tag{6.3}$$

L1 范数常用在稀疏表示中，也被称为稀疏规则算子。它也可以用在张量数据的稀疏表示中 (Li and Zhu, 2008)。

2. 模范数

上述的 L1 范数测度了张量数据整体的特性，而对于高维数据，其在各个维度上的特征也是非常重要的，在引入张量各个维度上的范数测度时，先借鉴矩阵范数中分别从行和列不同的视角对于距离的测度，其范数定义如下。

矩阵是张量的特殊情况，也即二阶张量，其有两个不同的维度，分别是行和列，因此可以定义两种不同的范数来反映数据在不同维度上的信息。

(**矩阵的 1-范数**) 对于矩阵 $A \in \mathbb{R}^{m \times n}$，从矩阵的列的视角出发，定义了列向量的整体数值测度，也即列和范数 (吕炯兴, 2001)，其定义如下：

$$\|A\|_1 = \max \left\{ \sum_{i=1}^{m} |a_{ij}| \right\}_{i=1}^{n} \tag{6.4}$$

(**矩阵的 ∞-范数**) 从矩阵的行的视角出发，定义了行向量的整体数值测度，也即行和范数，其定义如下：

$$\|A\|_\infty = \max \left\{ \sum_{j=1}^{n} |a_{ij}| \right\}_{i=1}^{m} \tag{6.5}$$

通过这两种不同的范数定义，可以将不可比较的矩阵，从两个不同的角度进行对比。

基于矩阵的行列范数定义，张量作为高阶矩阵，可以从更多不同的维度对数据做整体的测度。如第 5 章所定义的，对于 N 阶张量 $X \in \mathbb{R}^{I_1 \times I_2 \times \cdots \times I_N}$，其有 N 个不同的维度，从不同的维度可以得到不同的纤维结构。例如，其第 n 维上的纤维结构可以表示为 $\{x_{i_1 i_2, \cdots, :, \cdots, i_N}\}_{i_1=1 i_2=1 \cdots i_N=1}^{I_1 \ I_2 \ \cdots I_N}$，则 n-模纤维上的模范数定义为

$$\|X_n\| = \max \sum_{i_N=1}^{I_N} \cdots \sum_{i_2=1}^{I_2} \sum_{i_1=1}^{I_1} |x_{i_1 i_2, \cdots, :, \cdots, i_N}| \tag{6.6}$$

该范数从不同的数据维度度量了该维度上的纤维范数，即该维度上的纤维向量绝对值之和的最大值。该范数常用在数值分析中解的收敛判断和误差的上下界分析中。

3. 谱、谱半径、核范数

基于第 5 章定义的张量不同类型表达结构，分别有不同的范数定义。例如，对于一个方形张量 A 的所有的特征值构成的集合为 A 的谱，记作 $\sigma(A)$，即

$$\sigma(A) = \{\lambda : \lambda \text{是} A \text{的特征值}\} \tag{6.7}$$

所有特征值模的最大值称为 A 的谱半径，记作 $\rho(A)$，即

$$\rho(A) = \max \{|\lambda| : \lambda \in \sigma(A)\} \tag{6.8}$$

对于任意给定的一个张量 $X \in \mathbb{R}^{I_1 \times I_2 \times \cdots \times I_N}$，则该张量的核范数 $\|X\|_*$ 可以由以下式子给出：

$$\|X\|_* = \frac{1}{M} \sum_{d=1}^{M} \|X_{(d)}\|_* \tag{6.9}$$

式中，$\|X_{(d)}\|_*$ 表示张量 X 的 d 模展开矩阵的核范数，是指矩阵奇异值的和 (Yang and Yang, 2011; 舒托和杨志霞, 2017)。核范数是一个张量空间到实数空间的映射，常用于张量方程解的稳定性和收敛性的判定。

6.2.2 特征空间的特征向量和特征值

张量数据从变换的角度可以理解为多线性变换，而特征值和特征向量从数值上定义了多线性变换的特征。高维张量空间的线性变换是对该数据整体进行不同方向和不同程度的旋转投影变换，通过寻找线性无关的且方差较大的投影向量作为特征向量，进而表征该数据的主要特征方向，其对应的特征值则代表了相应的特征重要程度。这对高维张量数据的特征提取具有重要的意义，通过特征值分解可以得到主导的 N 个特征向量，从变换的角度理解，其对应了张量变换中最主要的 N 个变化方向，因此利用前 N 个变化方向，就可以近似这个张量，也即提取了这个张量的主要特征 (De Lathauwer et al., 2000a)。

1. 特征值和特征向量

对于给定的 N 维张量 $A \in \mathbb{R}^{I_1 \times I_2 \times \cdots \times I_N}$，若存在非零向量 $x = [x_1, \cdots, x_n]^{\mathrm{T}}$ 满足多元齐次方程：

$$Ax^{m-1} = \lambda x^{[m-1]} \tag{6.10}$$

则称 λ 为 A 的特征值，x 为对应于 λ 的特征向量。其中 Ax^{m-1} 和 $x^{[m-1]}$ 为 n 维向量，其第 i 个元素分别为

$$\left(Ax^{m-1}\right)_i = \sum_{i_2, \cdots, i_m \in N} x_{ii_2 \cdots i_m} x_{i_2} \cdots x_{i_m} \tag{6.11}$$

和

$$\left(x^{[m-1]}\right)_i = x_i^{m-1} \tag{6.12}$$

将张量的特征分解推广到一般形式的张量上，即可得到基于矩阵奇异值分解的张量的奇异值分解。具体定义如下。

设 $A = \left(a_{i_1, \cdots, i_p, j_1, \cdots, j_q}\right)$ 为 (p, q) 阶 $(m \times n)$ 维矩形张量，考虑

$$\begin{cases} Ax^{p-1}y^q = \lambda x \\ Ax^p y^{q-1} = \lambda y \\ x^{\mathrm{T}}x = 1 \\ y^{\mathrm{T}}y = 1 \end{cases} \tag{6.13}$$

若 $\lambda \in \mathbb{R}, x \in \mathbb{R}^m, y \in \mathbb{R}^n$ 是式 (6.13) 的一组解，称 λ 是 A 的一个奇异值，x 和 y 分别是 A 关于 λ 的左、右特征向量，并且有 $\lambda = Ax^p y^q$。

类似于矩阵的特征值和特征向量，张量特征值和特征向量有着很明确的物理意义。例如，高光谱图像从本质上可以看作是由空间 + 波段构成的三维张量，通过张量分解可以获得一系列的张量特征值和特征向量，其中最大特征值对应的特

征向量代表灰度变化最明显的方向，通常为边缘的法向量，其特征值从数值上表示了图像灰度变化的强度最大。类似的，较小特征值对应的特征向量代表图像灰度变化最小的方向，也即边缘的切线方向 (De Lathauwer et al., 2000b; 隋中山等, 2017)。同时，张量特征值估计有着广泛的实际应用，如数据分析中秩一逼近 (陈艳男, 2013)、图像处理中的盲点分析等 (彭立中等, 2016)。这些已有的应用对于基于张量的时空场数据分析具有很好的借鉴作用。

2. l^p 特征值和 l^p 特征向量

在传统特征值和特征向量定义的基础上，也有学者从瑞利商的角度把矩阵的特征值推广到高维张量空间 (李鹏程, 2015)。其具体定义如下。

令 X 为实对称张量，在选定某一范数表达下，利用 Lagrange 算子构建：

$$L\left(X, \lambda\right) = AX^k - \lambda\left(\|X\|_p^k - 1\right) \tag{6.14}$$

$$\nabla L = \left(\nabla_x L, \nabla_\lambda L\right) = \left(0, 0\right), AX^k = \lambda\varphi_{p-1}\left(x\right), \|x\|_p = 1 \tag{6.15}$$

称满足方程 (6.14) 和方程 (6.15) 的 λ 和 x 为 A 的 l^p 特征值和 l^p 特征向量，其中 AX^k 表达如下：

$$AX^k = \sum_{t_i \cdots t_k = 1}^n a_{t_1 t_2 \cdots t_k} x_{t_1} \cdots x_{t_k} \tag{6.16}$$

$$\varphi_{p-1}\left(x\right) := \left[\text{sgn}\left(x_1\right) x_1^{p-1}, \cdots, \text{sgn}\left(x_n\right) x_n^{p-1}\right] \tag{6.17}$$

这对于特征值、特征向量的非精确求解中的估计和扰动分析具有重要的意义。

3. 张量 Y 特征值

上述定义的张量特征值和特征向量都是从张量数据本身出发，当考虑到多个数据之间的相互作用时，张量数据本身的这些特性会受到相关联对象的影响，因此定义了张量 Y 特征值 (Yu et al., 2016)。

对于 N 维张量 $X \in \mathbb{R}^{I_1 \times I_2 \times \cdots \times I_N}$ 和 I 维的实张量 Y，假设 $(\lambda, x) \in \mathbb{C} \times (\mathbb{C}^I \setminus \{0\})$，且满足如下方程约束：

$$\begin{cases} Xx^{N-1} = \lambda Y_x \\ Yx^2 = 1 \end{cases} \tag{6.18}$$

则称 λ 是张量 X 关于张量 Y 的 Y 特征值，向量 x 是张量 X 关于张量 Y 的特征向量，这为多个不同属性数据之间的特征关联分析提供了有效的工具。

6.2.3　度量张量本质空间的秩

对于秩的理解可以从数据集合和线性变换两个角度入手。对于数据集合而言，秩作为数据集合的秩序程度的度量；对于矩阵而言，其作为行向量或者列向量的集合，矩阵的秩即为最大的不相关的向量的个数。从线性变换的角度来看，线性变换能够将杂乱无章的数据集合变换为一组少量的线性无关的矢量，且通常远远小于数据空间的维度，而变换后的空间维度即为线性变换的秩。由上述分析可知，秩实际上定义了一组数据/变换的最本质的特征数量，这对于挖掘数据的本质空间具有重要的意义。

类似于矩阵的秩，近年来也逐渐出现了对于张量秩的研究。但是张量数据的维度和结构更加复杂，导致传统矩阵的秩无法直接推广到高维张量。例如，二维矩阵的秩可以通过诸如 QR 分解、LU 分解计算求得，而高维张量的秩的计算属于 NP 完全问题。因此，在一些特殊情况下，通常根据不同的应用场景定义不同的秩。

1. CP 秩

类似矩阵的秩可以通过矩阵的秩一分解得到，张量的秩也可以通过秩一张量分解得到，利用张量 CP 分解可以得到对于原始张量数据秩一张量的累积逼近，因此该情况下的张量的秩也称为 CP 秩 (Friedland and Ottaviani, 2014)。具体定义如下。

假设张量 $A \in \mathbb{R}^{I_1 \times I_2 \times \cdots I_N}$ 表示为若干秩一张量 $a_r, r = 1, \cdots, R$ 的线性组合时，

$$A = \sum_{i=1}^{r} \delta_i (a_i)^{\otimes k}, \delta_i \geqslant 0, \ i = 1, \cdots, r \tag{6.19}$$

称满足上式的最小值 r 为 A 的 CP 秩，记为 CPrank(A)，表达为如下形式：

$$\text{CPrank}(A) = \min \left\{ r \left| A = \sum_{i=1}^{r} \delta_i a_i \otimes a_i \otimes \cdots \otimes a_i, \delta_i \geqslant 0, i = 1, \cdots, n \right. \right\} \tag{6.20}$$

分析可以得到，上述单秩张量和张量秩的定义即是矩阵代数中的定义的高维推广。

2. 模 n 秩

张量作为矩阵的高维推广，其不仅表现为数据维数的增加，还有丰富的矩阵化形式表达。因此，当将张量通过矩阵化操作转化为低阶的矩阵，就可以利用矩阵的秩的定义直接定义张量的秩，由于张量的矩阵化操作通常利用模 n 形式，因此，该情况下得到的张量的秩也称为张量的模 n 秩 (柳欣等, 2014)。其具体定义如下。

从线性空间的视角出发, 张量 $A \in \mathbb{R}^{I_1 \times I_2 \times \cdots \times I_N}$ 的模 n 秩通常定义为其不同方向的切片矩阵所代表的线性空间的维数, 记为 $\mathrm{rank}_n(A)$, 表达如下:

$$\mathrm{rank}_n(A) = \mathrm{rank}\left([A]_{(n)}\right) \tag{6.21}$$

由通常情况下的矩阵秩的定义可知, 张量的模 n 秩实际上是矩阵代数中行秩 (模 1 秩) 和列秩 (模 2 秩) 概念的高维推广, 但是比矩阵秩更为复杂。例如, 在矩阵理论中, 矩阵的行秩等于矩阵的列秩并等于矩阵的秩, 而由张量秩的定义可知, 张量的模 n 秩不一定相等, 且有 $\mathrm{rank}_n(A) \leqslant \mathrm{rank}(A), n = 1, \cdots, N$。

3. 非负秩

考虑到现实的时空场数据有很多都是非负的, 如高光谱图像的像素值, 对于这类数据, 显然希望其特征空间中的特征向量都是非负的, 才能得到有意义的物理解释。这种情况下就定义了张量的非负秩 (Mørup et al., 2008; Lim and Comon, 2009)。

张量 $A \in \mathbb{R}^{I_1 \times I_2 \times \cdots \times I_N}$ 为非负的, 如果所有的 $a_{l_1 l_2 \cdots l_N} \geqslant 0$, 记

$$\mathbb{R}_+^{I_1 \times I_2 \times \cdots \times I_N} = \left\{ A \in \mathbb{R}^{I_1 \times I_2 \times \cdots \times I_N} \,|\, A \geqslant 0 \right\} \tag{6.22}$$

对于 $A \geqslant 0$, 张量 A 的非负外积分解可以表达为如下形式:

$$A = \sum_{i=1}^{r} \delta_i u_i \otimes v_i \otimes \cdots \otimes w_i \tag{6.23}$$

$$\delta_i \geqslant 0, u_i, v_i, \cdots, w_i \geqslant 0, i = 1, \cdots, r \tag{6.24}$$

A 的非负秩记为 $\mathrm{rank}_+(A)$, 表示如下:

$$\mathrm{rank}_+(A) = \min \left\{ r \;\middle|\; \begin{array}{l} A = \sum_{i=1}^{r} \delta_i u_i \otimes v_i \otimes \cdots \otimes w_i, \delta_i \geqslant 0 \\ u_i, v_i, \cdots, w_i \geqslant 0, i = 1, \cdots, n \end{array} \right\} \tag{6.25}$$

6.3 规则时空场分析在海气耦合分析中的应用

6.3.1 研究数据

对综合 T/P 和 Jason-1 两颗测高卫星在 1993 年 1 月至 2008 年 12 月的延迟时间型海面高异常数据 (Ref 版本) 进行研究, 空间分辨率为 $(1/4)° \times (1/4)°$, 空间范围为赤道太平洋地区 (15°S~15°N, 150°E~90°W, 图 6.2)。该数据经过各类大气物理及潮汐校正, 并对不同时段的误差进行了均一化处理, 使其在整个时段上的精度保持一致。ENSO 指标采用美国国家海洋和大气管理局地球系统研究实验室 (NOAA ESRL) 提供的多变量 ENSO 指数 (multivariate ENSO index, MEI,

图 6.2)，相对于南方涛动指数 (southern oscillation index，SOI)，MEI 可以更好地反映 ENSO 启动和消亡的过程及其强弱 (Zhang et al., 2006)。根据 MEI 强度的 Rank 值可将 1993 年 1 月至 2008 年 12 月划分为强、弱 El Niño 时段、强 La Niña 时段及 ENSO 平静期。近期研究显示，赤道太平洋地区还存在一类与传统 El Niño 存在差异的 El Niño Modoki 事件。对此类事件选用 Ashok 等 (2009) 构造的 El Niño Modoki 指数 (El Niño Modoki index，EMI)，该指数同时考虑了东、中、西太平洋的 SST 异常特征，可以很好地表征 El Niño Modoki 事件的演化特征与过程。

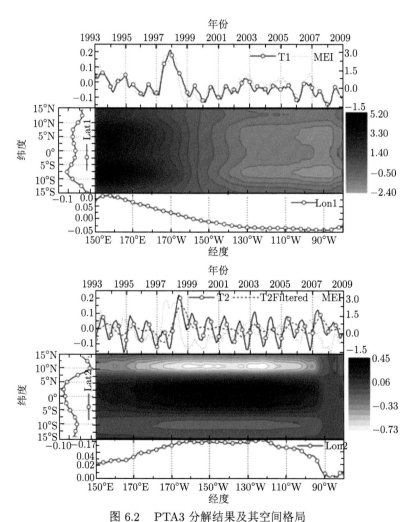

图 6.2   PTA3 分解结果及其空间格局

Lat1(2)、Lon1(2)、T1(2) 分别为第 1(2) 主张量的纬向、经向和时间系数；T2Filtered 为 T2 滤波序列；MEI 为 MEI 指数序列

6.3.2 海面变化三维时空数据中经-纬-时耦合信号解析

月均海面高异常时空数据 PTA3 分解的前两个主张量方差贡献率分别为 27.32% 和 13.02%，相应的主张量系数及海面变化空间型见图 6.2。第一主张量 (图 6.2 上图) 主要反映海面的经向变化特征，其经向系数由西往东呈下降态势，而纬向系数则以赤道为界呈波状分布。在 7°S 和 7°N 附近出现局部峰值，并在 (5°N，160°E) 和 (7°S，160°E) 附近各存在一个海面高异常的高值中心，而在 90°W~100°W 处为低值中心，表现出类似"跷跷板"结构。第二主张量 (图 6.2 下图) 主要反映海面的纬向变化特征，能量主要集中在研究区域的中间部分 (Nino3.4)。第一主张量时间系数与 MEI 指数基本重合 (相关系数 $r=0.83$)，显示赤道太平洋经向海面变化与 ENSO 间能较好地对应，这与 ENSO 主要受经向热力梯度、风力差异影响密切相关。第二主张量时间系数整体上以年周期变化为主，但受 ENSO 影响仍较为明显，表现为随 ENSO 演化存在不同的相位差。

采用 FFT 低通滤波剔除 T2 中的年周期分量，获得表征纬向海面变化的第二主张量时间滤波序列 (图 6.2 中的 T2Filtered 序列)。纬向异常年际变化整体上滞后 MEI 指数 5 个月，相位调整后序列相关系数为 0.47，该相位关系在整个时段上分布并不均匀。东西向的气压梯度快速调整与产生于中东赤道地区斜压 Rossby 波调整及南北向的 Ekman 环流和平流传输间的相位差可能是造成这一相位关系的重要环节 (Kim et al., 2009)。由于全球及不同区域尺度的海面变化也显示了与 ENSO 事件的相关性，且与 ENSO 之间的相位差也多在 3~5 个月 (Yu and Kao, 2009)，显示赤道太平洋纬向海面年际异常可能在海面变化对 ENSO 的响应过程中起着纽带作用，ENSO 事件对海面纬向传递的影响可能是不同区域海面与 ENSO 信号间存在相位差的重要原因。

6.3.3 不同类型 ENSO 事件对海面变化经纬向影响的空间构型

重构的 6 次 ENSO 事件海面变化空间型 (图 6.3) 揭示了在高低海面位置、振幅及分布范围等方面的差异。1997~1998 年强 El Niño 和 1998~2000 年强 La Niña 事件在经向结构上表现为东西反向，而纬向结构相似，并可能与 1998~2000 年强 La Niña 在启动时间及持续时间上的异常有关；第二主张量空间型中海面高值区均出现于 7°N~15°N、150°E~110°W 间，而海面极低值区出现于 15°S~7°N、150°E~110°W 间。而 1993 年弱 El Niño 的纬向空间型则相反，在经向结构上不如 1997~1998 年强 El Niño 典型，表现为沿赤道的近似对称。2007~2008 年 La Niña 在经向构型上与 1998~2000 年事件类似，但纬向上显著的梯度区则移至 180°~90°W 间，变异量级也显著小于 1998~2000 年事件。1994 年与 2002~2003 年两次 El Niño Modoki 空间型的经向结构具有相似性，但 1994 年事件的经向振幅差异要小，而纬向变动在振幅和构型上均存在显著差异，可能显示了 El Niño

Modoki 成因机制的复杂性。

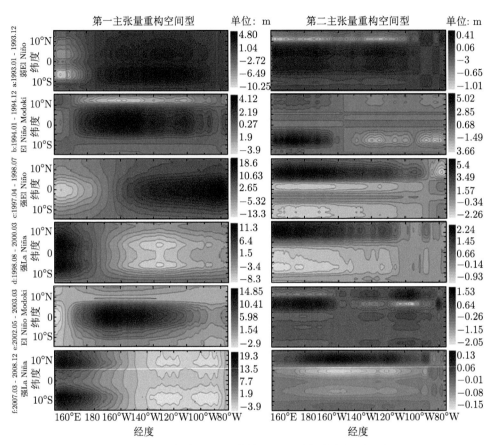

图 6.3　不同类型 ENSO 事件 PTA3 分解的空间型对比

色标为海面高度

Yu 和 Kao 指出赤道太平洋地区存在以赤道东太平洋海温异常为代表的 EP 型 ENSO(EP-ENSO) 和由于中太平洋海温异常而引起的 CP 型 ENSO(CP-ENSO) 两类事件，其中 EP-ENSO 的成因与洋盆尺度的温跃层及表面风有关，且与赤道印度洋有很强的联系，而 CP-ENSO 则更多地受大气驱动 (Yu and Kao, 2009)。Kug 等则根据 El Niño 事件空间形态的不同将其划分为冷舌型 (CT-ENSO) 与暖池型 (WP-ENSO) 两种，并认为斜温层反馈与纬向的水平对流反馈分别是两者产生、发展的核心过程 (Kug et al., 2009)。本书提取的两次 El Niño Modoki 事件在海面变化第一主张量空间构型上与上述结论具有对应性：1994 年及 2002~2003 年的 El Niño Modoki 表现为典型的 CP-ENSO(或 WP-ENSO)，即海面变化高值区集中在中太平洋附近；其余的 4 次事件则均表现为 EP-ENSO(或 CT-ENSO)。

6.3.4 不同 ENSO 事件时期海面变化经纬向耦合过程分异

对于 PTA3 分解获得的经纬向空间型，所对应的时间系数可以有效表征海面变化经纬向耦合强度的强弱，进而揭示海面变化经纬向耦合演化过程。上述 6 次 ENSO 事件的经纬向系数耦合轨迹见图 6.4。轨迹的形状特征与演化方向可有效表征海面变化经纬向耦合的动态演化特征，其中演化方向可反映海面变化耦合作用过程中经纬向耦合作用的顺序与方向，而轨迹演化结构的规则性可反映整个时段上经纬向耦合作用一致性的强弱，从而可进一步揭示不同事件在特征、过程、影响要素等方面的差异。

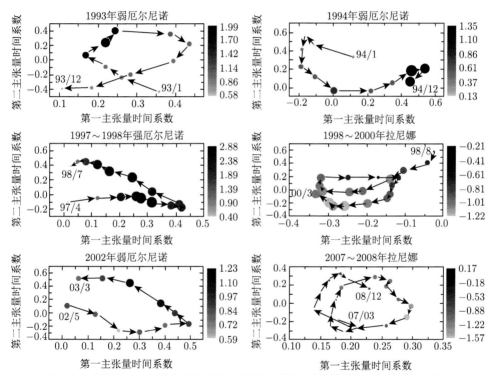

图 6.4　不同 ENSO 事件中海面变化经纬向耦合轨迹及其与 MEI 指数的对比
点的大小代表 MEI 指数绝对值的大小；颜色代表 MEI 指数实际数值的大小

6.4　本章小结

本章构建了规则时空场数据的张量分析方法，分别从时空场数据的多维度透视、特征测度和典型应用方面进行了详细介绍。分析发现，张量数据的维度透视有助于从多维时空场数据中提取出维度耦合效应下的各维度特征结构信息，并借助维度重构有效地实现多维时空场数据在各个维度及维度组合条件下的特征演化结构；分别从数据大小、秩序程度及特征向量的角度给出了时空场数据的特征测度指标，有助于时空场数据特征的综合描述。赤道太平洋海面变化经纬向耦合及演化特征解析案例表明，张量分析可获得较为明确的物理意义与保形性的解析信号，有效支撑了时空耦合视角下时空场数据时间/空间型与演化过程重构和分析。

第 7 章　稀疏时空场数据的插补与特征解析

如何从有限的稀疏观测数据推断出连续的地理现象和时空演化过程是地理时空分析的重要研究课题。构建适用于不同分布特征、稀疏等级的稳健数据插补方法是稀疏时空场数据分析的核心内容。在梳理现有时空数据分析的研究现状、构建思路及应用需求的基础上，本章针对现有分析方法参数设置复杂、难以整合多种约束及多维扩展困难等问题，探讨基于张量分析的稀疏数据测度和自适应的层次逼近插补方法的整体框架和实现方法，并给出其在气象再分析数据中的典型应用。

7.1　稀疏时空场数据的分析与应用回顾

对地观测体系的迅猛发展积累了海量的时空数据集 (Katzfuss and Cressie, 2011)。地球观测获得的大部分原始数据集在空间上是稀疏的 (Javed et al., 2018)。上述稀疏的原始观测数据集需要通过特定的插值方法形成连续的观测场，进而进行地学分析及应用。插值算法的优劣将直接影响所形成的地球物理场的精度，并进一步影响后续的分析结果。当前，从空间距离、数据统计特征及地理机理等多个视角，已经发展了一系列的空间插值方法 (Lam, 1983; Alapaty et al., 1998; Robinson and Metternicht, 2006)。然而由于不同方法的特性和适用性存在明显差异，导致同一套数据采用不同的插值算法可能得出不同甚至矛盾的结果。在地球系统科学研究方法已产生了多个由于插值方法不同而导致的学术争议，如 MBH(Mann et al., 1999) 和 Moberg (Moberg et al., 2003) 的气候曲棍球争议、海面变化领域沿岸海面上升速率的计算争议等 (直接插值和 Virtual Site 方法等)。因此，发展适用于稀疏地理数据的空间插值方法仍是当前地球科学研究的重要问题。

受地球系统复杂性影响，同一观测指标中可能存在不同类型地理对象的影响，进而形成不同的结构。不同的特征在空间形态、尺度特征、统计模式及分布类型上可能存在显著的差异，并成为揭示地球系统中多变量相互作用的关键因素。现实的观测数据本质上是多种地球系统因素相互耦合、相互作用下形成的多特征混叠信号。因此，从已有的稀疏观测数据中深入挖掘其可能蕴含的主要特征结构，不仅是地球系统特征与相互作用分析的重要需求，也是进行地球系统观测数据空间插值的基础。而从现有的插值方法上看，基于距离和整体统计特征的插值方法难以有效整合数据中不同特征的约束，使得其在不同地学时空数据插值的适用性和

精确性上存在差异 [如基于距离的插值对于不同复杂度的数据插值在一致性上存在明显差异 (地形插值等)]。克里金插值等统计方法尝试通过方差和空间相关性来表征数据内蕴的特征结构，本质上仍是基于全局特征的空间插值方法。因此，如何从稀疏数据中有效提取并分解出其内蕴的多种统计特征结构，进而以上述统计特征结构为基础和约束，构建相应的空间插值算法，将是提升现有插值方法效果和稳健性的关键路径之一。

对于稀疏时空场数据，如何利用这些有限的观测值来推断数据的连续时空分布结构，是这类非规则数据分析的关键。受不同的内蕴因素影响，大多数时空地理数据是由各种特征模式混合形成。而这些特征模式通常隐藏在数据当中构成了特征结构的潜在因子。对稀疏的非规则时空场数据而言，如何根据少量的样本数据准确地估计潜在因子，进而利用这些潜在因子的组合 (线性或多线性) 来揭示数据分布的结构特征，是有效揭示时空数据分布特征的关键。矩阵填补方法，如协同过滤和压缩感知 (Linden et al., 2003; Donoho, 2006)，利用矩阵分解 [如主成分分析 (PCA) 或奇异值分解 (SVD)] 得到数据协方差矩阵的特征向量作为数据的潜在因素 (Yang et al., 2014; Shen and Huang, 2008)，并被广泛用于二维稀疏数据特征提取之中。这些方法在图像恢复、大规模推荐系统等方面的应用表明，即使只能获得少量的矩阵数据，这些潜在因子 (特征向量) 也能有效地捕获基础结构特征 (Chang et al., 2013)。然而，时空场数据在很大程度上是多维的且分布不均匀；因此，这些二维矩阵方法必须扩展成多维方法。

张量分析技术是矩阵分析的高阶扩展，它可以通过探索变量之间的耦合关系来提取具有可解释性的数据概括。基于多个维度特征之间的多线性组合的张量分解方法能够有效提取潜在时空结构模式，并有助于时空特征分析。近年来，张量已被广泛应用于时空场数据的存储、特征检测、信号分析和组织管理 (Yuan et al., 2015; Leibovici et al., 2011)。在一些应用领域，如视觉数据恢复和交通网络处理 (Liu et al., 2012; Asif et al., 2016)，张量分析方法可以准确地检测潜在因素，以支持有效的数据分析。这些方法和应用为构建基于张量的非规则时空场数据特征提取方法奠定了坚实的基础。然而，由于地理现象的复杂性，基于张量的方法很少应用于非规则时空地理场数据的特征分析之中。

7.2　时空场数据的稀疏特征测度

1. 稀疏等级

对于稀疏的非规则数据，缺失数据的数量和分布是这类数据最基本也是最重要的特征。为了测度缺失数据的数量，定义了如下的稀疏数据的稀疏等级。

以三维张量 $X \in \mathbb{R}^{I \times J \times K}$ 为例，令其元素记为 $x_{ijk}, i \in (1, I), j \in (1, J), k \in$

$(1, K)$，则稀疏等级 Level (X) 定义为

$$\text{Level}\,(X) = \frac{\sum\limits_{i=1}^{I}\sum\limits_{j=1}^{J}\sum\limits_{k=1}^{K} I_{A=\{0\}}\,(x_{ijk})}{I \times J \times K} \tag{7.1}$$

式 (7.1) 的直观意义是稀疏张量中零元素所占的比例，由于稀疏张量的零元素分布具有随机性，因此，稀疏等级可以在一定程度上刻画不同稀疏程度的张量的稀疏特征。

2. L0 范数

在矩阵分析中，对于稀疏矩阵最常用的稀疏测度是 L0 范数，其直观的解释就是统计数据中非零元素的个数。而张量作为矩阵的高维推广，该定义可以直接推广到张量的 L0 范数上，其定义如下：

$$\text{L0}\,(X) = \|X\|_0 = \sum_{i=1}^{I}\sum_{j=1}^{J}\sum_{k=1}^{K} |x_{ijk}|^0 \tag{7.2}$$

式中，$|x_{ijk}|^0$ 的定义如下：

$$|x_{ijk}|^0 = \begin{cases} 1 & \text{若 } x_{ijk} \neq 0 \\ 0 & \text{若 } x_{ijk} = 0 \end{cases} \tag{7.3}$$

L0 范数统计非零元素的个数，常用于机器学习中的稀疏编码。

3. 基于统计分布的稀疏特征测度

上述的稀疏等级和稀疏度都是从数据整体上对稀疏特征的测度，而地理时空场张量数据是由多个维度耦合形成的高维数据。通常情况下，由于时空异质性的影响，其在各个维度上的影响方式和作用强度都不相同，整体数据的形成受各个维度的综合作用。因此，不仅仅需要关注其在整体结构上的特性，也需要关注其在各个维度上的稀疏特征。基于此，设计了基于张量 L0 范数的各个维度上的稀疏测度指标。

对于由空间维和时间维耦合形成的三阶张量数据 $X \in \mathbb{R}^{I \times J \times K}$，分别从三个不同的维度对数据的稀疏特征进行度量，并最终形成综合评价指标。例如，对于高维数据，其在时间维上的稀疏度的演变结构从一定程度上表征了数据在时间维上的稀疏分布结构，根据不同的分布结构，有助于后续的稀疏特征分析方法的构建。

要得到数据在各个维度上的稀疏分布情况, 首先需要得到各个维度上的数据。类似于二维矩阵数据, 从行列不同的维度出发, 可以认为数据整体是由一系列的行向量或者列向量组成。对于三维张量而言, 可以认为其是由各个维度上的张量切片构成, 其表达如下:

$$
\begin{cases}
X_{1,:,:}, X_{2,:,:}, \cdots, X_{I,:,:} \\
X_{:,1,:}, X_{:,2,:}, \cdots, X_{:,J,:} \\
X_{:,:,1}, X_{:,:,2}, \cdots, X_{:,:,K}
\end{cases}
\tag{7.4}
$$

式中, ":" 表示遍历操作, 也就是取遍这个维度上的所有的数据。这些各个维度上的张量切片序列反映了多维耦合数据在各个维度上的分布情况。为了测度数据整体在各个维度上的稀疏特征, 对这些子张量分别应用张量的 L0 范数, 如下:

$$
\begin{cases}
\mathrm{L0}\left(X_{1,:,:}\right), \mathrm{L0}\left(X_{2,:,:}\right), \cdots, \mathrm{L0}\left(X_{I,:,:}\right) \\
\mathrm{L0}\left(X_{:,1,:}\right), \mathrm{L0}\left(X_{:,2,:}\right), \cdots, \mathrm{L0}\left(X_{:,J,:}\right) \\
\mathrm{L0}\left(X_{:,:,1}\right), \mathrm{L0}\left(X_{:,:,2}\right), \cdots, \mathrm{L0}\left(X_{:,:,K}\right)
\end{cases}
\tag{7.5}
$$

基于这些不同维度上的 L0 范数, 可以度量出数据在各个维度上的稀疏程度。特别是对于时空异质性较强的数据, 其在时间维和空间维的分布存在显著差异, 即使是对于在整体结构上是同等稀疏度的数据, 其在不同维度上也是有差异的。而有效度量数据在不同维度上的稀疏结构对后续的稀疏数据分析方法的选取和参数设定具有重要的意义。

7.3　稀疏时空场数据的自适应多尺度层次逼近插补方法

7.3.1　基于张量分解的稀疏时空场数据的插补模型

假设观测到的时空场数据表达为 $Z_{\mathrm{Obs}} \in \mathbb{R}^{\mathrm{Lon} \times \mathrm{Lat} \times \mathrm{Time}}$, 则缺失值估计 $Z_{\mathrm{Mis}} \in \mathbb{R}^{\mathrm{Lon} \times \mathrm{Lat} \times \mathrm{Time}}$ 可以由如下构造:

$$
Z_{\mathrm{Mis}} = f\left(Z_{\mathrm{Obs}}, i_{\mathrm{Obs}}, j_{\mathrm{Obs}}, k_{\mathrm{Obs}}, i_{\mathrm{Mis}}, j_{\mathrm{Mis}}, k_{\mathrm{Mis}}\right)
\tag{7.6}
$$

式中, i_{Obs}、j_{Obs} 和 k_{Obs} 代表了观测数据 Z_{Obs} 的坐标值; i_{Mis}、j_{Mis} 和 k_{Mis} 代表了缺失数据 Z_{Mis} 的坐标值。基于此, 缺失值估计问题即转化为如何在观测数据 Z_{Obs} 很有限而无法支持稳定的统计或检验时求解 f。由于稀疏时空数据的多维及稀疏特性, 理想的基于张量的插值方法应满足以下要求: ① 该方法对样本的时空分布的依赖性较弱; ② 考虑到地理现象是一个连续的时空过程, 稀疏的时空数据应该作为一个整体来对待, 而不是在空间或时间方向上分开处理; ③ 特征估计应直接、准确、稳定，方法参数应比较简洁。为了满足这些要求，设计了基于张量的稀疏时空场数据的插值分析方法流程，如图 7.1 所示。

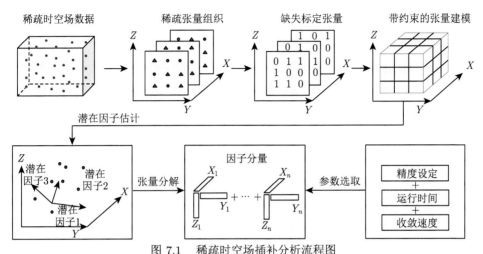

图 7.1　稀疏时空场插补分析流程图

●代表观测数据；▲代表缺失数据；X、Y 和 Z 代表对应的坐标轴

　　首先，张量分解对于数据分布没有很强的假设，为了使张量分解对于稀疏数据仍然有效，可以构造带有稀疏标定张量等的带约束的张量分解，利用标定张量来标记缺失数据的位置，进而在张量模型分解中将缺失的属性值限制为空，从而使潜在特征因子的估计独立于缺失数据。对于张量分解模型而言，CP 分解模型作为最基本的张量分解模型，是 PCA 的高阶形式，它可以通过将时空数据视为一个整体，进而同时恢复出各个维度上的潜在矩阵 (称为潜在因子)。因此，这里采用带有约束的 CP 分解模型。同时，为了提高潜在因子的估计准确性，潜在因子中需要足够的组分，这就对计算内存空间提出了很高的需求。因此，求解的优化算法不仅要具有良好的数值精度，还需要降低计算复杂度，且在张量 CP 分解的过程中，数据的分布结构特征是随着逐渐增多的潜在因子中分量的张量重构得到的，可以提高估计的准确性和稳定性。

　　在 CP 分解模型中，控制方法的唯一参数是秩，即潜在因子中的分量数。因此，该张量模型具有简洁的参数。然而，在时空场数据的实际分析中，应考虑各种约束，如理想的特征逼近精度、最大可接受运行时间和最小可接受收敛速度，以确定最佳模型参数 (分量数量)。为了在给定约束条件下选择出最优参数，可以使用分析或经验方法来构建函数，以反映分量数量、模型精度、运行时间和收敛速度之间的关系，进而利用这些函数和给定约束，构造最优参数选择模型，以确定最优的方法参数。

7.3.2　稀疏张量的 CP 分析模型

传统张量 CP 分解模型仅适用于完整数据，当张量 Z 为稀疏张量时，可以采用加权的模型来确保分解模型仍然有效。其权重张量首先定义如下：

$$w_{ijk} = \begin{cases} 1, 若 z_{ijk} 已知 \\ 0, 若 z_{ijk} 未知 \end{cases} \tag{7.7}$$

式中，$w_{ijk}(i = 1, 2, \cdots, I; j = 1, 2, \cdots, J; k = 1, 2, \cdots, K)$ 代表权重张量 W 在位置 (i, j, k) 上的值。然后，Hadamard 积 $*$ 作用于权重张量 W 和稀疏张量 Z 得到 $W * Z$，其元素表达形式为

$$(W * Z)_{ijk} = w_{ijk} z_{ijk} (i = 1, 2, \cdots, I; j = 1, 2, \cdots, J; k = 1, 2, \cdots, K) \tag{7.8}$$

因此，加权的分解模型可以表达为

$$W * Z = W * \left(\sum_{r=1}^{R} \lambda_r Z_r \right) + W * \text{res} \tag{7.9}$$

基于此，加权的残差张量可以表达为

$$W * \text{res} = W * Z - W * \left(\sum_{r=1}^{R} \lambda_r Z_r \right) \tag{7.10}$$

为了得到分解模型 (7.10) 精确的因子估计，$W * \left(\sum_{r=1}^{R} \lambda_r Z_r \right)$ 应该尽可能逼近 $W * Z$，因此加权的残差张量应该尽可能小。考虑到 F 范数：

$$\|Z\|_F = \sqrt{\sum_{i=1}^{I} \sum_{j=1}^{J} \sum_{k=1}^{K} z_{ijk}^2} \tag{7.11}$$

多用来度量残差的大小，本书基于此构建了如下的目标函数：

$$\arg\min f_w(A, B, C) = \|W * \text{res}\|_F = \left\| W * Z - W * \left(\sum_{r=1}^{R} \lambda_r Z_r \right) \right\|_F \tag{7.12}$$

上述分解模型 (7.12) 也被称为不完整的张量 CP 分解模型。

7.3.3 稀疏张量分解的求解算法

对于地理场数据的分解模型，其求解算法应该不仅具有较好的数据精度，还应该能够支撑海量地理数据的计算。由于缺失值的存在，常规求解 CP 分解模型的交替最小二乘法 (ALS) 将不再适用。对于求解稀疏分解模型 (7.12)，已有许多的方法被提出来。例如，早期的高斯牛顿算法 INDAFAC，该方法具有较好的逼近精度。然而，INDAFAC 需要大量的内存空间来执行大规模矩阵计算，因此不适合海量地理数据的分析。另外，常用的方法是基于交替最小二乘法的填补法 (ALS-SI)，首先填充缺失数据，然后在完整数据上使用交替最小二乘函数。但是，已有研究证明该方法具有低收敛速度。CP_WOPT 是一种基于一阶梯度的优化方法，其中，CP 代表 CP 分解模型，WOPT 表示带有权重的优化算法。基于上述构造的稀疏 CP 分解的目标函数，首先推导出因子矩阵的梯度函数，然后可以利用基于梯度的优化算法进行求解。它避免了高度复杂的矩阵计算，从而实现了较低的内存消耗，并且该方法机理简单，可操作性强 (Acar et al., 2009b)，因此采用该方法。该方法在理论上适用于任意维度的张量求解，为了描述的方便，这里以三阶张量为例。定义如下：

$$\left(\llbracket A^{(1)}, A^{(2)}, \cdots, A^{(N)}\rrbracket\right)_{i_1 i_2 \cdots i_N} = \sum_{r=1}^{R} \prod_{n=1}^{N} a_{i_n^r}^{(n)} \tag{7.13}$$

则目标函数的梯度推导如下：

$$G^{(n)} = \frac{\partial f_w}{\partial A^{(n)}} = 2(X_{(n)} - Y_{(n)})A^{(-n)} \tag{7.14}$$

这里

$$A^{(-n)} = A^{(3)} \odot \cdots \odot A^{(n+1)} \odot A^{(n-1)} \odot \cdots \odot A^{(1)} \tag{7.15}$$

式中，$X_{(n)}$ 和 $Y_{(n)}$ 分别代表张量 X 和 Y 的 n 模矩阵，$n = 1, 2, 3$；为了表达的方便，令

$$A = A^{(1)}, B = A^{(2)}, C = A^{(3)} \tag{7.16}$$

在 CP_WOPT 中，第一步是计算目标函数的梯度。然后，可以使用基于一阶梯度的优化方法。之后，可以求出潜在因子 $A = [a_1, a_2, \cdots, a_R]$、$B = [b_1, b_2, \cdots, b_R]$、$C = [c_1, c_2, \cdots, c_R]$ 及稀疏集合 $\lambda = [\lambda_1, \lambda_2, \cdots, \lambda_R]$。具体计算流程如图 7.2 所示。

基于上述提取的稀疏数据的各层次结构，类似于高阶主成分分析，得到的分别是稀疏数据在各个维度上的主导特征分量。而基于张量重构运算，将这些特征

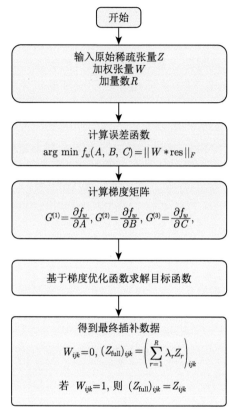

图 7.2　CP_WOPT 的算法流程

分量进行张量重构可以得到稀疏数据整体上的特征主分量。其构建过程如下：

$$\{a_1 \circ b_1 \circ c_1, a_2 \circ b_2 \circ c_2, \cdots, a_R \circ b_R \circ c_R\} \tag{7.17}$$

式中，$\{a_1 \circ b_1 \circ c_1\}_{i=1}^{R}$ 表示揭示的稀疏数据整体的第 i 个主导特征分量。利用这些提取的主导特征分量进行原始稀疏数据的低秩逼近。而由于张量积的运算特性，使得在运算的过程中，不仅会对稀疏数据中已知的数据进行低秩逼近，同时也会在缺失数据位置上产生填补值，而该值可以作为稀疏数据的估计。之后，设计原始稀疏数据与重构特征张量的加权求和，即可保证稀疏数据中，已知的数值保持不变，而缺失的值用重构的数值代替，从而实现原始稀疏数据的插值。

基于以上分析，运用式 (7.8) 定义的 Hadamard 积 $*$，最终完整的张量 X_{full} 可以通过以下公式得到：

$$X_{\text{full}} = W * X + (I - W) * \left(\sum_{r=1}^{R} \lambda_r a_r \circ b_r \circ c_r\right) \tag{7.18}$$

式中, I 是一个元素全为 1 且与 X 同等大小的单位张量, 因此, 可以使已存在的值保持不变, 而确实的值用估计值代替。完整的流程图如图 7.3 所示。

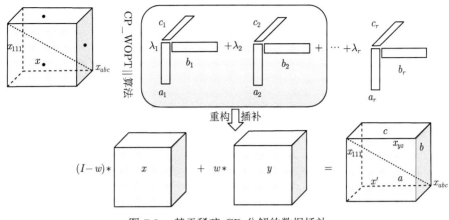

图 7.3 基于稀疏 CP 分解的数据插补

7.3.4 多约束条件下的最优参数选取规则

上述方法的唯一参数是元素矩阵中分量的个数。在 CP 模型中, 由于缺失数据未知, 分量数为 R 时的相对误差率 re_R 可以用来表征潜在因子对于观测数据的逼近能力, 因此可用于表示插值精度, 其定义如下:

$$re_R = \frac{\left\| W * Z - W * \left(\sum_{r=1}^{R} \lambda_r X_r \right) \right\|_F}{\| W * X \|_F} \tag{7.19}$$

随着分量数 (R) 的增加, 潜在因子中分量的结构变得更精细, 因此, 从稀疏张量的观测数据中提取的潜在因子变得更加准确。从已有文献研究中得知, CP 分解的经验计算复杂度为 $O(n^3)$, 这里的 n 为每个维度上数据的数目。然而, 对于稀疏数据, CP 分解需要更多的复杂度为 $O(n^2)$ 的运行时间来进行权重运算和 CP_WOPT 的求解。因此, 该方法的整个计算复杂度为 $O(n^5)$。在这种情况下, 计算时间 (t) 和分量数 (R) 之间的经验关系可以表示为

$$t = aR^5 + bR^4 + cR^3 + dR^2 + eR + g \tag{7.20}$$

式中, a, b, c, d, e, g 是基于实际数据的分量数和实运行时间拟合得到的参数。对于相对误差率与分量数 (R) 之间的关系, 由于 CP 模型的分量是根据它们的方差贡献提取的, 因此重建结果的相对误差应随着分量的增加而迅速减小。在不失一般

性的情况下，我们可以假设相对误差率随着分量数的增加呈指数减小。因此，相对误差率 (re_R) 和分量数 (R) 之间的关系可以表示为

$$\mathrm{re}_R = l * \exp(-R/\gamma) + v \tag{7.21}$$

式中，l、γ 和 v 是根据实际数据的分量数和相应计算的相对误差率拟合得到的。因此，给定相邻分量数据的步长 h，相对误差变化的结果可以估计为

$$\mathrm{re}_R - \mathrm{re}_{R+h} = p * \exp(-R/\alpha) + q * \exp(-R/\beta) + \vartheta \tag{7.22}$$

式中，$p, \alpha, q, \beta, \vartheta$ 是基于分量数和实际数据相应计算的相对误差率变化拟合得到的经验参数。

　　基于上面的讨论，对于给定的 σ、τ 和 ς，它们分别表示理想的插值精度、最大时间限制和最小相对误差变化，满足上述关系的最小 R 值即为最佳参数。

$$\begin{cases} \mathrm{re}_R = l * \exp(-R/\gamma) + v < \sigma \\ t = aR^5 + bR^4 + cR^3 + dR^2 + eR + g < \tau \\ \mathrm{re}_R - \mathrm{re}_{R+h} = p * \exp(-R/\alpha) + q * \exp(-R/\beta) + \vartheta > \varsigma \end{cases} \tag{7.23}$$

　　在实际情况中，σ、τ 和 ς 是由应用场景决定的。例如，对于遥感图像的高分辨率插值，相对误差率的阈值 σ 应该尽可能小；为了提高计算速度，最小相对误差变化 ς 应尽可能大；如果结果应在短时间内获得，则 τ 应根据实际时间限制确定。所有的约束都是独立计算的，并且只与分量的数目有关，因此最优模型参数 (R) 的计算是灵活的 (也即最佳参数是满足上述三个约束，同时能够平衡这些约束的最小 R 值)。

7.4　方法特性与对比试验

7.4.1　稀疏数据特征提取效果对比

　　为了验证该方法对极稀疏数据层级特征提取的优势，我们将该方法的性能与经典插值方法——时空数据的普通克里金法 (KrigingST) 进行了对比，该方法广泛应用于时空稀疏数据的特征估计。为了使不同方法的特征提取结果具有可比性，选择相同数据 (具有 90% 缺失数据的 Hgt) 作为输入数据。在该实验中，我们选择的方法参数与上述实验相同 ($R=140$)。

　　时空克里金方法假设时空中的二阶 (或内在) 平稳性并估计变差函数，该方法中所需的参数很复杂，特别是对于模型选择和特定参数设置中涉及的变差函数的计算和拟合，这些参数通常根据经验选择。在本实验中，为了检测函数模型的

变化对特征估计结果的影响，我们选择了不同的拟合模型，如球形 (sph) 和指数 (exp)，所有其他参数设置均相同。比较指标如表 7.1 所示。

表 7.1   KrigingST 和基于张量的方法之间的比较

参数	原始数据	张量	时空克里金 (sph)	时空克里金 (exp)
相对误差比	0.0000	0.1482	0.1709	0.1824
最大值/位势米	523.6812	498.4000	496.3523	491.3595
最小值/位势米	−596.0301	−576.2620	−565.9257	−552.2825
中值/位势米	99.6600	99.7022	99.2681	99.5552
平均值/位势米	80.9034	82.1492	80.7603	80.5906
标准差	107.2156	104.9463	104.1843	101.5109
平均方差	0.0000	423.7713	585.6093	595.9156
相关系数	1.3252	1.2960	1.2892	1.2450
运行时间/s	0	5402.3870	587.6670	571.2900

基于表 7.1 分析可以得到，所提出的基于张量的方法具有相对较高的精度，并且该方法的相对误差率和均方误差均低于时空克里金法。虽然运行时间表明我们的方法的复杂性远高于时空克里金，但是在张量分析中，当分量数下降时，在精度下降不是很明显的情况下，运行时间大大降低。此外，时空克里金的标准差较低，这意味着该方法更稳健。但由于该方法参数相对复杂，插值结果容易受到不同参数的影响，使得在给出精度时难以确定最优参数。基于张量的方法只有一个参数——分量数，更易于在给定约束下推导出最优参数。

7.4.2   方法稳健性对比

受数据采样的方式和策略的影响，原始采样数据往往含有不同级别的采样误差及观测噪音 (如观测设备的观测漂移等)。如何有效避免采样误差和噪声对稀疏数据特征提取结果的影响也是地理稀疏时空数据分析的重要问题。

基于添加噪声实验，验证算法对不同类型噪声和数据缺失比例对缺失数据特征估计的性能影响。其中含噪数据的生成规则如下：

$$X = X + \eta \frac{\|X\|}{\|N\|} N \tag{7.24}$$

式中，N 为噪声张量，分别用服从特定分布的随机数生成；η 为噪声系数。分别利用张量方法及最近邻域法、克里金法对不同等级的含噪数据进行缺失特征估计，并基于实际数据与估计数据的相对误差比例诊断不同方法的插值效果，同时对比了不同方法的计算复杂度。插补效果如图 7.4 所示。

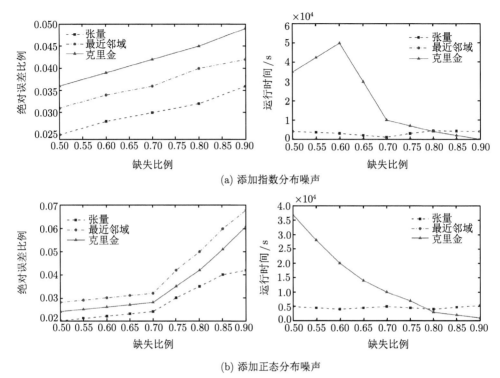

(a) 添加指数分布噪声

(b) 添加正态分布噪声

图 7.4　添加不同噪声的插值对比效果

　　结果显示，克里金估计所需时间对缺失值的比例非常敏感，随着数据缺失比例的上升，所需时间发生剧烈的变化。而张量插值则比较稳定，时间都稳定在一定的水平，且相对误差比例在三种算法中也保持最低。

　　本书基于张量分解的插值算法与经典的空间插值算法，如克里金法、最近邻域法对 90% 缺失的加噪 Hgt 数据进行插补实验验证，通过计算原始完整数据点集与这些算法的插值结果的基本统计量 (表 7.2)，并绘制时间切片上的误差比例曲线图 (图 7.4)，验证算法的特征保持特性和稳健性。从表 7.2 的数据统计特征来看，张量插值的结果是最接近原始数据的。最大和最小值对于数据峰值的揭示与原始数据的偏差最小；平均值显示张量方法在数据整体的偏差上相较于其他的插值算法不存在显著的漂移；在标准差上，张量方法也比较接近原始数据，说明误差的波动幅度在时间和空间上均比较稳定。从图 7.4 的时间切片的误差变化关系可以直观看到，在各细分的时间切片上，本书提出的基于张量的空间插值算法的残差变动比较平稳，波动小，且大部分极值比克里金插值、最近邻域插值算法低，因此更具稳定性。

表 7.2 不同插值方法与原始数据的统计指标对比

参数	原始数据	加噪之后	张量插补	克里金插补	最近邻域插补
最大值/位势米	319.15	366.783	366.783	370.951	366.783
最小值/位势米	223.99	228.412	229.706	225.396	229.706
中位数/位势米	284.35	306.554	307.689	307.2	306.518
平均值/位势米	280.943	305.32	305.323	305.319	305.289
标准差/位势米	17.8868	22.7686	20.4724	21.6141	22.7912
变异系数	0.0636	0.0745	0.0670	0.0707	0.0746

不同方法在时间维度上的误差分布如图 7.5 所示, 实验分析表明, 该方法的误差结构在不同时间片段间变动幅度较小, 即不同时间段上插值数据的质量一致性相对更强, 更适用于诸如演化趋势及变化速率等的计算。这为实现不同稀疏的实际地学观测数据的综合集成分析奠定了良好的基础。

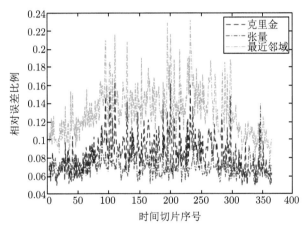

图 7.5 不同方法误差时间分布图

7.5 稀疏时空场张量插补模型在气象场数据中的典型应用

1. 研究数据和实验配置

由 NOAA 发布的 1948 年 1 月 1 日至 2010 年 12 月 31 日的 $2.5° \times 2.5°$ 气象再分析日平均气候模式数据被选为实验数据。这些气象再分析数据集是通过多气候模型融合形成的连续的时空场数据。其中, 气温和位势高度作为实验对比数据。每个数据集存储为 (经度 × 纬度 × 时间) 张量 Air$\in \mathbb{R}^{144 \times 73 \times 365}$, Hgt $\in \mathbb{R}^{144 \times 73 \times 365}$, 内存占用大约为 60MB。根据不同的稀疏程度, 通过随机地从 Hgt 和 Air 中移除部分数据来构建稀疏数据, 利用所提出的方法分别作用于稀疏数据, 进而验证该方法对于稀疏数据的层级特征提取特性。稀疏数据的层次特征重构后, 得到的是已知数值的基于特征提取的估计值。考虑到稀疏数据的特征展现不明显，特别是对于极度稀疏的数据。因此，这里考虑将稀疏特征重构的数据缺失位置上的属性值填补完整，进而得到完整的时空场数据。通过观察不同参数下填补完整的数据分布结构的变化，进而反映该方法对稀疏数据的层级结构的特征揭示能力。基于填补完整的数据，并且以原始完整数据和最终估计数据的基本统计 (如最大值、最小值、均方误差和标准偏差) 为基础来分析特征提取性能。CP_WOPT 的最大迭代步长设置为 1000，迭代初始值设为随机数。

2. 不同层级结构下的插补结果

为了验证该方法可以通过增加分量数来逐步提取已知数据的特征，并获得对于缺失数据的逐层估计，分别从稀疏数据、原始完整数据和稀疏填补数据中随机选择时间片的形式进行展示 (图 7.6 和图 7.7)。

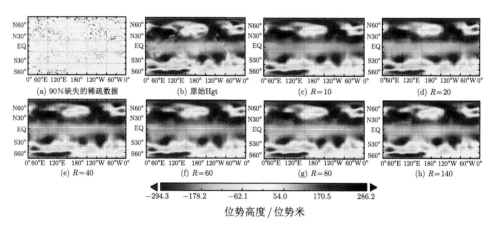

图 7.6　不同 R(Rank) 值下 Hgt 的特征提取结果

图 7.6 显示了缺失数据的结构可以随着分量数的增加而逐渐恢复。当仅选择较少的分量时，例如 10[图 7.6(c)]，只能恢复数据的轮廓。随着分量数增加到 60 [图 7.6(f)]，可以清楚地观察到详细的特征。当分量数达到 140[图 7.6(h)]，结构信息类似于原始数据 [图 7.6(b)]。根据原始完整 Air 切片的效果 [图 7.7(b)]，其变化平稳，与 Hgt 相比其结构特征变化不是特别明显。因此，基于观察到的 10% 的数据，当选择不同的分量数时，缺失数据在不同层级上的结构特征的变化不明显，但是数据的结构在一定程度上逐渐细化。图 7.6 和图 7.7 显示了最佳分量数与数据特征是密切相关的。因为 Hgt 比 Air 变化更强烈，所以需要更多的潜在因子成分来拟合 Hgt 的变化，并且计算出的 Hgt(140) 的最佳分量数远大于 Air(30)。

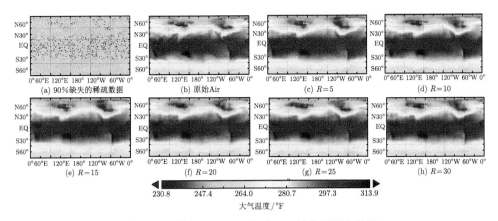

图 7.7　不同 R(Rank) 值下 Air 的特征提取结果

7.6　本　章　小　结

本章面向稀疏的非规则时空场数据的特征分析，从数据的整体结构出发，利用张量分解对多维数据的分析能力，提出了缺失标定的稀疏张量分解与加权重构方法，实现了稀疏张量数据在不同尺度上的特征主张量的提取与重构；提出了基于多尺度特征提取的稀疏数据的插补模型，并且利用分解模型的参数简洁性，构建了诸如逼近精度、算法复杂度等不同约束下的最优参数选取规则；构建了兼顾计算量和求解精度的数值求解算法，实现了稀疏数据从大尺度到精细结构的逐层恢复。实验验证表明，该方法可以较好地提取稀疏数据在不同尺度上的结构特征，所构建的插补方法由不同的层级结构特征逐渐累加获得缺失值的估计，使得该方法对于数据的局部变化不敏感，适用于不同分布结构及不同稀疏度的非规则时空场数据的插补。

第 8 章　维度非对称数据的特征解析

如何有效综合时空数据的多维性和维度非对称性，从时空场数据中提取出微弱的非线性信号，是时空场数据分析的重要内容。在梳理现有维度非对称时空场数据分析研究现状、构建思路及应用需求的基础上，针对现有分析方法维度整合困难、构造流程复杂、多维扩展困难及无法适应实际地学时空数据的高维特性等问题，探讨基于张量分析的分割–聚合–探索的维度非对称数据的特征分析方法，并给出其在气象再分析数据中的典型应用。

8.1　维度非对称数据的分析与应用回顾

对于维度非对称的非规则时空场数据的特征分析，已有的研究方法中，探索性数据分析 (exploratory data analysis，EDA) 常用于揭示常规建模或依托假设检验之外的数据特征 (Gelman, 2004)。大多数 EDA 方法使用交互式数据探索策略，并结合不同的统计指标或图形工具来总结数据的分布和特征。为了应对不同变量之间的数据分布差异，不同维度/方向的数据通常采用标准化方法，借助比例因子将原始数据转化为相对均匀分布的情况 (Homrighausen and McDonald, 2016)，进而通过经典的基于矩阵的统计分析方法 (如 PCA 等) 来解析数据。这种分析模式中强调某些维度但又消除其他维度的方法被称为多视角方法。

以 EDA 为基础的多视角的数据分析并不能消除数据维度非对称带来的偏差。对于基于矩阵理论的 EDA 分析方法，其在假设每个维度中的数据分布相对独立的情况下，数据转换不会改变原始数据特征。然而，在基于时空场张量的分析框架中，变量属性和维度变化同等重要。直接将 EDA 应用于多维时空场数据所需的数据转换操作将改变数据特征，进而带来后续分析的偏差。虽然已有多项研究试图扩展 EDA 技术，如多线性主成分分析、多线性独立成分分析及多线性子空间分析，这些方法对于多维时空数据的探索性分析具有明显的优势，可以较好地实现多维数据的特征提取，但对于基于不同观测视角的多维时空数据的探索性分析，多维数据需要以不同的观测视角或以特征为重点进行变换和重组，这会涉及诸如张量数据局部提取与重建等复杂的转换操作，大大增加了计算复杂度。

8.2 时空场数据的非对称性特征测度

1. 基于相似性的非对称性表征

时空场数据在各个维度上的分布结构存在显著差异，在某些维度上数据分布特征变化比较微弱，其在不同的空间位置或者时间上呈现出较强的相关性；而对于另一些维度，数据特征的变化波动比较剧烈，不同的位置或者时间上的数据关联性较弱。例如，土壤有机碳的空间分布，由于在土壤自然发育中受到的干扰很少，其空间自相关性相对较强；而对于气象要素，如气温的空间分布或风速的空间分布，由于受到地表状况的影响较大 (如地形起伏、建筑物等)，其空间自相关性就弱一些。正是这一特征导致了数据的分布结构在各个维度上存在显著的差异性，并且在数据维度上呈现出维度非对称的特点。基于此，本书构建了基于相似度的数据的非对称性测度。

高维数据相关性的直接计算仍存在欠缺，且各个维度上的结构差异很大，更应该从多个维度分别测度维度的特征，进而综合反映维度的非对称性。因此，考虑从多个维度将高维数据转换为低维矩阵，利用矩阵的多维相似度构造高维张量数据的相关系数测度。为了测度高维数据在各个维度上分布的特征结构，需要将高维数据沿各个维度展开，得到各个维度上的切片结果。考虑表示的方便性，这里以三阶张量 $X \in \mathbb{R}^{I \times J \times K}$ 为例：

$$\begin{cases} \text{经度维：} (X_{1,:,:}, X_{2,:,:}, \cdots, X_{i,:,:}, \cdots, X_{I,:,:}) \\ \text{纬度维：} (X_{:,1,:}, X_{:,2,:}, \cdots, X_{:,j,:}, \cdots, X_{:,J,:}) \\ \text{时间维：} (X_{:,:,1}, X_{:,:,2}, \cdots, X_{:,:,k}, \cdots, X_{:,:,K}) \end{cases} \tag{8.1}$$

三阶张量各个维度上的切片如图 8.1 所示。

(a) 水平切片   (b) 侧面切片   (c) 正面切片

图 8.1　三阶张量各个维度上的切片

对于每个二维切片数据，分别计算其行向量相关系数和列向量相关系数，进而得到相关系数矩阵，以矩阵 $\{A_{:,:,i}\}_{i=1}^{K}$ 为例，假设

$$A_{(:,:,i)} = \begin{bmatrix} a_{11}^i & a_{12}^i & \cdots & a_{1J}^i \\ a_{21}^i & a_{22}^i & \cdots & a_{2J}^i \\ \vdots & \vdots & & \vdots \\ a_{I1}^i & a_{I2}^i & \cdots & a_{IJ}^i \end{bmatrix} \tag{8.2}$$

其行向量表示形式为 $A_{(:,:,i)} = \begin{pmatrix} a_{1:}^i & a_{2:}^i & \cdots & a_{I:}^i \end{pmatrix}^{\mathrm{T}}$，其中 $(\cdot)^{\mathrm{T}}$ 表示转置运算。通过相关系数计算函数 $\mathrm{Corr}(\cdot)$ 得到行向量之间的相关系数如下：

$$\alpha_{j,j+1}^i = \mathrm{Corr}\left(a_{j:}^i, a_{j+1,:}^i\right) \tag{8.3}$$

进而关于矩阵 $\left\{A_{(:,:,i)}\right\}_{i=1}^{K}$ 的行向量相关系数序列为 $\left(\alpha_{1,2}^i, \alpha_{2,3}^i, \cdots, \alpha_{I-1,I}^i\right)_{i=1}^{\mathrm{T}}$。

同理，上述矩阵的列向量表示形式为 $A_{(:,:,i)} = \begin{pmatrix} a_{:1}^i & a_{:2}^i & \cdots & a_{:J}^i \end{pmatrix}$，计算相邻列向量之间的相关系数如下：

$$\beta_{j,j+1}^i = \mathrm{Corr}\left(a_{:j}^i, a_{:j+1}^i\right) \tag{8.4}$$

进而得到关于矩阵 $\left\{A_{(:,:,i)}\right\}_{i=1}^{K}$ 的列向量相关系数序列为 $(\beta_{1,2}^i, \beta_{2,3}^i, \cdots,$ $\beta_{J-1,J}^i)_{i=1}^{\mathrm{T}}$。

基于这些相关系数序列，为了度量数据的分布结构变化幅度，分别计算行列相关系数的方差。变化越稳定的变量，其方差越小；而变化幅度越剧烈的变量，其方差越大。

$$\begin{cases} \mathrm{var}\left(\alpha^i\right)_{i=1}^{\mathrm{T}} = \mathrm{var}\left(\alpha_{1,2}^i, \alpha_{2,3}^i, \cdots, \alpha_{I-1,I}^i\right) \\ \mathrm{var}\left(\beta^i\right)_{i=1}^{\mathrm{T}} = \mathrm{var}\left(\beta_{1,2}^i, \beta_{2,3}^i, \cdots, \beta_{J-1,J}^i\right) \end{cases} \tag{8.5}$$

进而得到表征数据分布变化程度的行列方向上的方差序列：

$$\begin{cases} \left\{\mathrm{var}\left(\alpha^1\right), \mathrm{var}\left(\alpha^2\right), \cdots, \mathrm{var}\left(\alpha^K\right)\right\} \\ \left\{\mathrm{var}\left(\beta^1\right), \mathrm{var}\left(\beta^2\right), \cdots, \mathrm{var}\left(\beta^K\right)\right\} \end{cases} \tag{8.6}$$

为了方便与其他维上的方差表示区分开，将上述 k 维上的方差序列表示为

$$\begin{cases} \left\{\mathrm{var}\left(\alpha_k^1\right), \mathrm{var}\left(\alpha_k^2\right), \cdots, \mathrm{var}\left(\alpha_k^K\right)\right\} \\ \left\{\mathrm{var}\left(\beta_k^1\right), \mathrm{var}\left(\beta_k^2\right), \cdots, \mathrm{var}\left(\beta_k^K\right)\right\} \end{cases} \tag{8.7}$$

依此类推,可以得到 I 维上展开矩阵 $\left\{A_{(1,:,:)}, A_{(2,:,:)}, \cdots, A_{(I,:,:)}\right\}$ 的行列方差序列为

$$\begin{cases} \left\{\operatorname{var}\left(\alpha_i^1\right), \operatorname{var}\left(\alpha_i^2\right), \cdots, \operatorname{var}\left(\alpha_i^I\right)\right\} \\ \left\{\operatorname{var}\left(\beta_i^1\right), \operatorname{var}\left(\beta_i^2\right), \cdots, \operatorname{var}\left(\beta_i^I\right)\right\} \end{cases} \tag{8.8}$$

J 维上展开矩阵 $\left\{A_{(:,1,:)}, A_{(:,2,:)}, \cdots, A_{(:,J,:)}\right\}$ 的行列方差序列为

$$\begin{cases} \left\{\operatorname{var}\left(\alpha_j^1\right), \operatorname{var}\left(\alpha_j^2\right), \cdots, \operatorname{var}\left(\alpha_j^J\right)\right\} \\ \left\{\operatorname{var}\left(\beta_j^1\right), \operatorname{var}\left(\beta_j^2\right), \cdots, \operatorname{var}\left(\beta_j^J\right)\right\} \end{cases} \tag{8.9}$$

这些不同维度上的方差序列在一定程度上反映了当沿着该维度观测其他维度数据时,数据在这些维度上的分布变化情况。对于分布结构变动一致的数据,其相邻时间或者空间位置上数据的关联性变化也相对一致,因此相关系数的变化程度小,故方差较小。对于这类数据,可以认为其在维度上的分布结构相对一致均匀。对于局部分布结构变化较大的数据,其相邻数据的相关性在局部变化不明显时较大,在局部变化明显时较小,因此其方差相应地就比较大。而对于这类数据,通过测定其方差结构就可以度量其分布结构的变化情况。

由此可见,将不同维度上的数据分开处理,有助于从数据维度的多个层面综合测度数据的特征。只有当各个维度结构相对一致时,我们认为该数据就是维度较为对称的数据,因此可以采用对应的多维度统一处理的分析方法;而当各个维度结构差异很大时,该数据即为维度非对称的数据,那么就应该采用非规则数据的分析方法。

2. 基于秩的非对称性特征测度

矩阵的秩是其最重要的数量特征之一,它能够在矩阵初等变换下保持不变,因而反映了矩阵的固有特性。虽然相较于矩阵的秩,张量的秩更加复杂,且根据应用场景的不同,存在多种张量秩的定义,但秩仍然是张量数据很重要的一个特征度量。

现实的数据多带有噪声而存在数据冗余,在数据层面则表现为数据之间呈现着较强的线性关系。张量的秩分解恰好通过提取数据中极大的线性无关的特征成分,去掉线性相关的部分而去除了数据冗余。非规则数据在各个维度上的分布结构差异较大,对于变化较为剧烈的维度,其各个部分数据的关联性较小,因此呈现弱的相关性;对于变化较为平缓的数据,其各个部分数据之间变化较小且极为相似,因此呈现出较强的相关性。而各个维度中线性无关的成分才是这组数据最本质的特征。基于此设计了基于张量秩的维度非对称性特征测度。

为了得到高维数据在各个维度上秩的分布情况,需要将张量沿各个维度展开,最直接的做法是得到数据在各个维度上的切片形式。因此,基于张量切片,分别

计算每个切片矩阵的秩，得到

$$
\begin{cases}
\{\operatorname{rank}\left(A_{1,:,:}\right), \operatorname{rank}\left(A_{2,:,:}\right), \cdots, \operatorname{rank}\left(A_{I,:,:}\right)\} \\
\{\operatorname{rank}\left(A_{:,1,:}\right), \operatorname{rank}\left(A_{:,2,:}\right), \cdots, \operatorname{rank}\left(A_{:,J,:}\right)\} \\
\{\operatorname{rank}\left(A_{:,:,1}\right), \operatorname{rank}\left(A_{:,:,2}\right), \cdots, \operatorname{rank}\left(A_{:,:,K}\right)\}
\end{cases}
\tag{8.10}
$$

利用各个维度上的秩序列，可进一步分析数据在各个维度上的分布结构特征，进而反映各个维度上的差异性。各个维度上秩的差异性测度了各个维度上数据分布结构的差异性，对于各个维度上秩差异很大的数据，我们可以认为这类数据为非对称的数据；而对于差异较小的数据，则可以认为是相对均衡的数据。

3. 基于张量 Tucker 分解的非对称性表征

张量分解是高维数据分析的典型方法，从多维数据耦合的视角，通过提取高维数据在各个维度上的特征结构，形成对多维数据的特征描述和揭示。其中，张量的 Tucker 分解从数据的不同维度提取不同数量的特征成分，进而通过张量重构等运算形成对原始数据的特征描述和重构。在张量的 Tucker 分解中，很重要的思想就是根据给定的误差精度，确定各个维度上的特征分量个数。这正是根据张量数据在各个维度上的分布结构特征所决定的。例如，对于变化结构比较复杂的数据，其各个维度上的数据关联性较小，因此需要较多的特征分量才能充分描述该维度上的数据特征；对于变化比较均一的数据，其各个维度上的数据变动较小，因此只需要少量的特征成分即可实现整个数据上的特征提取。

对于张量 Tucker 分解来说，不同重构残差比意味着提取数据特征的尺度不同。较大的重构残差，意味着提取的数据特征只要大体上能够重构回原始数据即可，这种情况下，可能只需要提取数据在大尺度上的特征；对于较小的重构残差，意味着提取的数据特征要尽可能地还原原始数据结构，这不仅需要数据在大尺度上的结构，更需要其精细结构。通过控制不同的残差比，可以得到原始数据在不同尺度上的特征结构。

对于维度不对称的非规则数据，其在不同维度上的分布结构差异较大，同时也反映在不同尺度上的分布变化。对于维度相对对称的数据，其在各个维度上的结构相对一致，可以认为不同维度上的数据在对应尺度上的结构也是相对一致的。因此，可以根据张量 Tucker 分解中，在不同的残差精度下，使用相应维度上的特征分量数来表征数据维度的非对称性。基于此，本书设计了基于张量 Tucker 分解的非规则数据的维度非对称性特征测度。

假定分解的精度分别定为 $(\sigma_1, \sigma_2, \cdots, \sigma_n)$，以三阶张量 $X \in \mathbb{R}^{I \times J \times K}$ 为例，构造 Tucker 分解 [简写为 $T(\cdot)$] 在各个维度上的特征分量数 (p, q, r) 与分解精度

的关系：

$$f\left(T\left(X, p, q, r\right)\right) = \sigma \tag{8.11}$$

通过设定不同的分解精度 $\sigma_1, \sigma_2, \cdots, \sigma_n$，得到该条件下相对应的各个维度所需要的特征分量数：

$$\begin{cases} (p_1, p_2, \cdots, p_n) \\ (q_1, q_2, \cdots, q_n) \\ (r_1, r_2, \cdots, r_n) \end{cases} \tag{8.12}$$

基于不同精度下的各个维度上的特征分量数据的变化序列，可以进一步分析原始数据的维度非对称性这一特征。例如，对于维度相对对称的数据，其在各个维度上的数据分布差异较小，因此达到理想的分解精度在各个维度上所需要的分量数差异并不是很大；而对于维度不对称的数据，其在各个维度上的数据分布差异较大，因此达到理想的分解精度所需要的分量数差异也很大。

8.3　维度非对称数据的全组合特征透视方法

维度非对称的非规则时空场数据，不仅具有常规的时空场数据的多维特性，而且各维度上数据分布差异较大。虽然张量方法可以从多个维度全面分析数据，但该方法将各个维度同等对待而忽略了各个维度的差异。常用的基于统计指标的数据聚合方法，通过降维来分析部分维度上的数据，可以在一定程度上减弱维度的不对称性。但该方法忽略了约减过程中约减维度数据的信息量分布，因此在处理微弱信号时仍然有一定的缺陷，并且该方法从部分维度来解析数据，对多维时空场数据的多视角综合分析的支撑性仍显不足。

理想的多维数据分析方法应该类似张量分析，能够从多个不同的维度来分析数据特点。同时，地理时空场数据在不同维度上具有不同的属性，因此各个维度又应该区分对待。在这个过程中为了削弱维度的非对称性对特征揭示的影响，非视角维度上的数据的影响应尽可能降低。由于各个维度上的数据是耦合在一起的，非视角维度上的数据的信息量也应该考虑提高特征估计的精度。

基于以上分析，本章提出了基于分割–聚合–探索的维度非对称的非规则时空场数据的特征分析方法。从不同维度组合下的张量子空间的特征分析出发，原始数据被划分为视角维度和非视角维度。为了削弱维度非对称对特征解析特别是对微弱信号提取的影响，考虑在非视角维度约减的过程中引入非视角维度上的数据信息量，进而将原始多维混合数据转化为只与视角维度有关的数据。通过不同的维度划分，可以得到一系列由不同视角维度组成的张量子空间。这一系列子空间数据可以看作是从不同的侧面对原始完整数据的多视角透视，进而奠定多维数据分析的数据基础。基于这些维度约减的数据，常规的特征分析方法，如主成分分析、奇异值分解、张量分解等可以进一步应用，进而揭示维度非对称数据的特征结构。其完整的分析流程图见图 8.2。

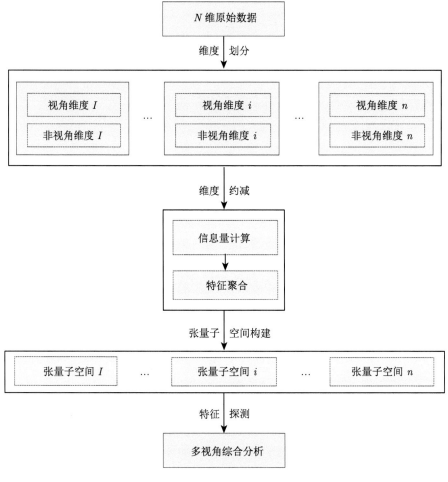

图 8.2　多视角分析流程

为了从多个维度分析数据，可以借鉴张量分析方法中从各个维度综合分析的思想。然而，张量分解中各个维度是被同等对待的，因此该方法将多个维度统一分解处理，忽略了各个维度上的差异性而造成了估计偏差。由于不同维度上的数据的属性不同，这些维度可以抽象为由不同元素组成的集合。基于集合划分的思想，相同属性的元素可以划为一类，进而采用统一的处理操作。对于给定的时空场数据，在没有任何先验知识的情况下，不同的维度划分策略可以生成一系列不同的维度组合，而这些维度组合可以被认为是张量的多维分析。基于多维数据在不同维度上的属性，数据维度可以划分为观测维度和非观测维度。通常的策略是将时空场数据划分为时间维和空间维。例如，对于四维的时空场数据 $\mathbb{R}^4$，其可以划分为 $\mathbb{R}^4 = \mathbb{R}^3 \times \mathbb{R}$，这里 $\mathbb{R}^3$ 是由经度、纬度、高程组合形成的空间维，$\mathbb{R}$ 是时间维度。

为了解决维度非对称性的问题，各个划分好的维度上的数据应该分别对待。而通常采用的以张量为基础的数据组织方式，由于其将各个维度上的数据同等对待，使得该组织形式不再适用。因而需要一种新的数据组织方式，其应该不仅能够表达多维数据，而且能够区分不同维度上的数据。张量块结构，由内部的块状结构和外部的张量结构组成，可以有效地区分各个维度上的数据，并且将这些维度上的数据采用统一的形式组织起来。

为了削弱非视角维度中的数据对视角维度的特征分析的影响，直接的方法是通过数据聚合将数据转换为仅由视角维度组成。因此，可以应用常用的平均方法，利用统计指标替换非视角维度中的数据值，简单且易于解释。同时，为了更好地处理微弱信号，非视角维度上的信息量应该在数据平均过程中有所体现，以在数据降维的过程中应该最大限度地保留数据特征。然而，传统的数据平均过程认为各个维度上数据的权重是一致的，忽略了数据在各个维度上的分布差异。因此，核心问题是如何调整权重以反映非视角维度中数据的分布特征。

信息熵是根据每个值的出现概率计算出来的，可以在一定程度上代表数据的整体特征。它已被广泛应用于岩土数据分析，如描述景观多样性、研究水文系统的复杂性、研究遥感图像分类的不确定性等。这些应用证明，信息熵是一种典型的数量，可用于表征地质现象并减少信息损失。它不仅适用于简单数据，也适用于复杂数据。

以三维时空场数据为例。数据 $X_1 \in \mathbb{R}^{I \times J \times K}$ 由经度维、纬度维、时间维组成，其维度集合可以抽象为 $\mathbb{N}_1 = \{I, J, K\}$，其视角维和非视角维分别划分为 $\Re_1 = \{I, J\}$ 和 $\mathbb{N}_1 = C_{\mathbb{N}_1}\Re_1 = \{K\}$。假如将视角维度上的数据作为整体，则从原始数据 X_1 中可以抽取出块序列 $\{B_1^1, B_2^1, \cdots, B_K^1\}$。这里的每一个元素 $B_p^1 \in \mathbb{R}^{I \times J}$ 是由视角维度构成的。进而，基于此数据，通过计算每个块数据的信息熵，得出块数据 B_p^1 的权重为 W_p^1，则非视角维可以通过加权平均约减得到

$$E = \sum_{p=1}^{K} W_p^1 B_p^1 \in \mathbb{R}^{I \times J}$$，该数据只由视角维度构成 $\Re_1 = \{I, J\}$。基于此数据，典型的二维数据特征分析方法可以应用于约减的张量数据 $E \in \mathbb{R}^{I \times J}$。完整的流程见图 8.3。

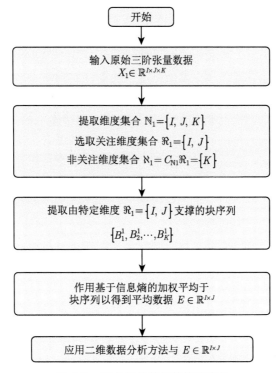

图 8.3　视角相关数据的构造流程

其在多个维度视角下的数据综合分析流程如图 8.4 所示。

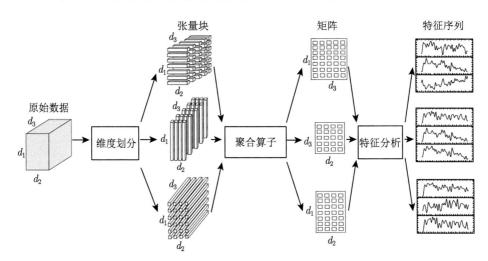

图 8.4　维度非对称数据的多视角综合分析流程

8.4 维度非对称分析方法在气象场数据中的应用

为了验证所提出方法在维度非对称数据特征提取方面的有效性，探讨了气候模型数据与经度维度 ENSO 事件之间的关系。将 PCA 应用于加权平均数据和直接平均数据，以分别获得主成分 PCwx(具有加权平均的主成分相关) 和 PCdx(直接平均的主成分相关) 的系数。通过将 Tucker 和 CP 分解应用于原始张量来获得 Tucker 和 CP 的系数。ENSO 信号通常具有超过 2 年的准周期，并且少于 2 年的周期 (如年度和半年度) 主要由强天文周期引起。因此，为了更好地揭示结构，快速傅里叶变换 (FFT) 低通滤波器可用于上述系数 (即 PCwx、PCdx、Tucker、CP 和 MEI) 以获得分量序列，同时滤除小于 2 年的周期。图 8.5 显示了比较结果，黑线是过滤的 MEI。

对于选取的三个数据集，由四种方法提取的特征分量曲线与 MEI 都能很好地对应。以 Air 为例，对于 1965~1967 年、1972~1973 年、1986~1988 年和 1997~1998 年期间强烈的 El Niño，四条曲线 (Air_PCdx、Air_PCwx、Air_CP 和 Air_Tucker) 表现出良好的对应关系，这证实了 ENSO 作为最强的年际变化的广泛影响。但是，由于三种数据类型 (Air、Hgt、Omega) 具有显著的特征差异。与其他方法相比，用本书提出的方法提取的曲线与 MEI 具有最佳对应关系，特别是对于 1970~1972 年、1978~1982 年和 1998~2005 年期间的弱 ENSO 现象。

为了证明方法的有效性，对于每种数据类型，计算 MEI 与提取的特征成分的 Pearson 相关系数，如图 8.6 所示。对于所有选择的数据，在揭示其与 ENSO 事件的关联性方面，我们的方法显然是最好的。ENSO 事件主要受数据在空间维上分布结构的影响，因此在空间分布上具有显著特征差异的数据更可能与 MEI 显示出密切关系。例如，Hgt 表示位势高度并且在垂直维度上具有显著的分布差异，而在其他空间维度中相对平衡。加权平均不仅可以减少数据维度而仅保留空间维度，而且可以保持该过程中垂直方向的分布特征。因此，加权平均可以更好地揭示与 ENSO 的关系。Omega 在空间和垂直方面具有大致相同的分布特征，因此直接平均和加权平均显示出特征检测的微小差异。

ENSO 信号在经纬向传输中存在明显的机制差异。对于不同类型的 ENSO 事件，经纬向传输过程也明显不同。因此，探索 ENSO 与气温场在经纬向之间的相互作用是很重要的。已有研究表明，常见的 ENSO 事件可分为经典的 EP-ENSO(以赤道东太平洋的海表温度异常为代表) 和 CP-ENSO(由中太平洋的海面温度异常引起)。EP-ENSO 从东太平洋开始，具有强烈的经向传播，但低纬度纬向传播较弱。在高纬度地区，EP-ENSO 主要受大气环流产生的热容配置的间接影响。然而，CP-ENSO 在低纬度地区具有经纬向传输，而其在高纬度地区的影响更为复杂。

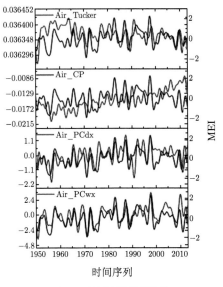

(a) Air不同方法分解结果

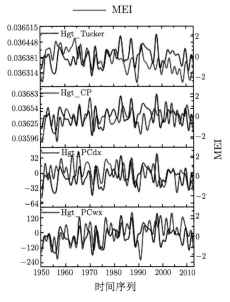

(b) Hgt不同方法分解结果

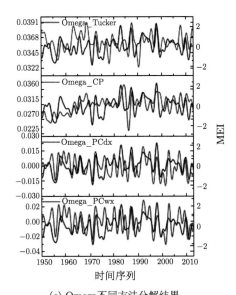

(c) Omega不同方法分解结果

图 8.5　提取的特征成分的比较结果

　　由于 ENSO 事件作为一个整体影响着全球温度，获得 ENSO 与温度之间相
互作用的关键是如何通过消除其他维度的传输效应来准确获取特定维度的主要特

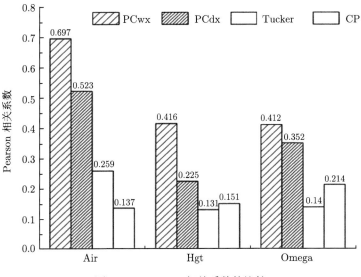

图 8.6 Pearson 相关系数的比较

征, 并且提取的特征与 ENSO 信号还应具有可比性。因此, 数据在经纬向上以不同方式被划分, 应用加权平均来减弱特定维度的影响, 并将 PCA 应用于转换后的数据, 以提取特征。将提取的时间序列与 MEI 进行比较, 以进一步分析 ENSO 与经纬向温度传输之间的耦合关系。将 PCA 应用于上述数据以获得时间序列集 {Air_PCwx1, Air_PCwx2}, 其由经度维和时间维构成。并且上述操作可以很容易地推广到数据 $F_{\text{Air}} \in \mathbb{R}^{Y \times T}$ 上以获得 {Air_PCwy1, Air_PCwy2}, 其可以被认为是纬度维度中的特征提取结果。最后, 将带通 FFT 滤波应用于这些时间序列集、MEI 和 EMI, 以获得周期为 2~7 年的信号 (对应于 ENSO), 其结果如图 8.7 所示。

对于这两个维度中的不同主成分, 第一主成分 (Air_PCwx1 和 Air_PCwy1) 与 MEI(厄尔尼诺事件) 表现出较好的对应关系, 第二主成分 (Air_PCwx2 和 Air_PCwy2) 与 EMI(El Niño Modoki 事件) 表现出较好的对应关系。对比结果证明, 该方法所提取的特征分量与传统使用小波方法所提取的结果是一致的 (Yan and Wu, 2007)。结果表明, El Niño 和 El Niño Modoki 可能是一种事件的不同特征模式。在经度这个维度上, 对于每个 ENSO 事件, Air_PCwx1 显示出与 MEI 更好的对应关系, 但是相位是不同的。总体而言, 对于强 ENSO 事件, 温度在纬度维度上的响应时间相对较短, 在平静时期与弱 ENSO 事件具有一定的滞后性。对于纬度维度中的第一主成分 (Air_PCwy1), 结构比纵向维度 (Air_PCwx1) 更规则, 并且通常仅对强 ENSO 事件显示出与 MEI 的良好对应关系。对于不同方向的第

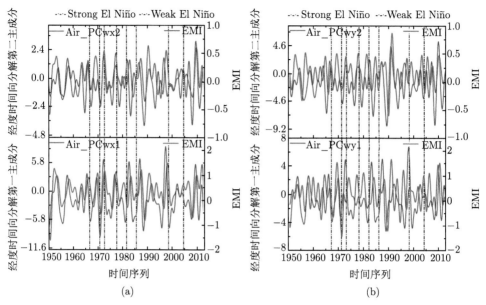

图 8.7   从不同的观测维提取的特征结果对比

二主成分 (Air_PCwx2 和 Air_PCwy2)，Air_PCwx2 主要对应于 1970~1980 年
的 EMI，其在这个时间段上具有相对强烈的 ENSO 事件转变。与 Air_PCwx2 相
比，Air_PCwy2 显示出与 EMI 更好的对应关系，并且可以揭示 El Niño Modoki
事件的变化规则。

对于全时段记录，从温度变化获得的特征系数也可以准确地揭示 ENSO/El
Niño Modoki 的结构周期变化。已有海洋观测表明，ENSO 事件在 1980 年经历
了明显的周期变化，从 2~3 年到 3~5 年 (Tsonis et al., 2003)。图 8.7(a) 中的主
成分 (Air_PCwx1 和 Air_PCwx2) 和 MEI 的比较显示了明显的周期划分，验证
了来自海洋观测的 ENSO 事件的周期变化。这意味着主要成分 (Air_PCwx1 和
Air_PCwx2) 的时期在 1980 年之前很短，然后在 1980 年之后变得更长。然而，
这种周期性的变化在图 8.7(b) 所示的基于纬度的信号中并不能被观测到，这显示
了 ENSO 对东西向温度信号演变的直接影响及 ENSO 纵向和纬向传播机制的差
异。ENSO 主要沿经向移动，因此它直接影响温度的纵向分布。相反，温度的纬
度分布更多是由于太阳辐射的差异，其具有正常的周期变化，它与 ENSO 有间接
关系。ENSO 在赤道太平洋的纬度方向上直接传播。在其他区域，它通过大气环
流如三圈环流传播，这导致纵向和横向之间的反应强度、周期性和相位关系的显
著差异。上述不同视角的耦合分析可以较为清晰地揭示 ENSO 事件对气温变化影
响的差异。与传统的张量分析方法相比，该方法更好地揭示了气候事件在纵向和
横向上的耦合演化过程，且对于复杂耦合系统在特定维度上的演化特征的揭示更

加灵活和高效，有望为新型多维时空数据的特征分析方法提供很好的借鉴。

8.5 本 章 小 结

本章在传统张量 Tucker 分解的基础上，从特定视角维度支撑的张量子空间构造思想出发，定义了维度拆分和维度重组算子，实现了原始整体数据向特定视角维度和非视角维度上的映射和转换。通过定义多视角维度上的张量分解模式，构造了视角相关的多维数据的特征分析方法，实现了多维耦合数据在特定维度上的特征分析；有效解决了针对已有的特征解析方法在应用于实际地学时空数据时所面临的缺乏特定的维度支撑和视角相关的专业性分析需求等问题。基于 NOAA 发布的气象再分析数据的案例研究表明，相较于基于原始未处理数据的张量特征分析方法，本章方法对于复杂耦合系统在特定维度上的演化特征的揭示更灵活和高效，有望为新型多维时空数据的特征分析方法提供很好的借鉴。

第 9 章 结构异质数据的特征解析

时空异质性是地理时空场数据的天然属性，张量分析应能从具有显著时空变异的时空场数据中，精确提取出数据的各维度特征和多维演化特征。如何有效整合时空场数据的结构异质性和多维耦合特性，是构建这类分析方法的关键。本章在梳理现有结构异质时空场数据分析的研究现状、构建思路及应用需求基础上，针对现有分析方法容易造成特征估计偏差、异常特征揭示困难及维度扩展复杂等问题，探讨特征相似性驱动的结构异质时空场数据的分块张量分析方法，并给出其在气象再分析数据中的典型应用。

9.1 结构异质时空场数据的分析与应用回顾

地理现象是各种地理要素综合相互作用的结果。在空间、时间和属性的不同影响下，地理现象表现出异质性的特征，反映了区域内地理数据的不均匀分布、空间非均质性和时间非平稳性 (Wang et al., 2017b)。然而，异质性的存在也使地理数据成为各种功能信号的混合物，增加了从原始地理数据分析特征信号的复杂性 (Li et al., 2016; Pradhan et al., 2014)。现有的研究异构变化的数据特征的方法主要从连续时空场的角度出发，它们大致可分为地质统计学分析方法和基于统计回归的方法。

在地质统计学分析 (如克里金、广义克里金和贝叶斯最大熵等) 方法中，时空异质性变异从时间和空间两个角度去考虑，其中时间变化是时间距离的函数，空间变化是空间距离的函数，并且利用协方差函数来描述异质性的结构。然而，由于时空的异质性，时空协方差的构建往往面临着时空维度不一致 (或时空 “距离” 单位的统一) 等问题。尽管有一些时空协方差模型被提出以试图解决上述问题，如可分离模型、不可分离模型与乘积和模型，但这些模型的矩阵基础仍使其难以同时捕获时空变化，并导致时空交互信息丢失、构建复杂性高等问题。

基于统计回归的方法，如空间自回归局部估计模型和地理加权回归 (GWR)，将数据的空间位置嵌入线性回归模型中，然后分析各观测点回归参数估计值的空间变异性，以反映空间异质性。然而，这些方法只考虑了空间结构而忽略了时间变化，不能很好地支撑具有时间变异性的时空场数据。在 GWR 的基础上，考虑时间的非平稳性，提出了地理时间加权回归模型 (GTWR)，通过构建时空距离矩阵分析参数的变异来探索异质性。然而，在 GTWR 中，时间距离和空间距离是分开测度的，潜在的假设是时间独立性，即将时空场数据看作是一系列独立的二维空间数据。因此，该方法也难以捕捉到时空特征。

9.2 时空场数据的结构异质性特征测度

1. 基于相似性的结构异质性测度

对于结构异质的非规则时空场数据，由于局部结构和整体结构的差异较大，数据的整体处理将忽略掉局部的结构信息。因此，考虑将局部规整分开处理的策略。然而对于任意的数据，在没有任何数据先验知识的情况下，整体数据如何做局部划分缺乏可靠的理论指导。基于此，考虑将数据分割成均等的小块，在此基础上探测这些局部小块的结构关系，通过进一步的块状拆分或者小块合并来实现整体数据的局部规整性测度，进而为后续的数据特征分析奠定基础。

以三阶张量数据 $X \in \mathbb{R}^{I \times J \times K}$ 为例，将其划分为相同大小的块 $\{X_i\}_{i=1}^n$，分块的数目为 $n = \frac{d_I}{d_i} \times \frac{d_J}{d_j} \times \frac{d_K}{d_k}$，其中 d_I、d_J 和 d_K 表示原始数据在各个维度上的大小，d_i、d_j 和 d_k 表示分块各个维度的大小，每个时空场分块包含局部空间结构和时间信息。

由于地理现象的时空异质性，这些划分的块之间存在局部相似性，可以将相似的块聚合在一起，拼合形成较大的块状结构从而反映出局部结构信息。这里，对于上述划分的块 $\{X_i\}_{i=1}^n$，依据相似性计算函数 coeff，得到相邻块之间的相似度度量如下：

$$\rho_{i,i+1} = \text{coeff}(X_i, X_{i+1}) \tag{9.1}$$

对划分的块 $\{X_i\}_{i=1}^n$ 中相邻的两块分别进行相似性计算，进而得到局部数据的相似度度量序列：

$$\{\rho_{1,2}, \rho_{2,3}, \cdots, \rho_{n,n+1}\} \tag{9.2}$$

基于这些序列，如何实现相似结构的局部数据合并，关键的一点是，对于给定的数据，数据的局部规整性在局部分块数据的相似性程度上是如何反映的。在实际应用中，可以根据实际数据的特点或者局部分布的先验知识，从中定义相似度阈值 δ，认为当相邻两块的相似度大于该指标时，则这两块数据的分布结构是极为相似的，也就是存在局部规整的特点，因此可以合并；当相邻两块的相似度小于这个阈值的时候，认为这两块数据的分布差异是比较大的，因此在后续的分析中还是单独处理，其具体过程如下：

$$\begin{cases} \rho_{i,i+1} < \delta \quad \text{则} = \{X_i, X_{i+1}\} \\ \rho_{i,i+1} \geqslant \delta \quad \text{则} = \{X_i \oplus X_{i+1}\} \end{cases} \tag{9.3}$$

式中，⊕ 表示连接操作，即将两块数据合并为一块。经过相似度计算及合并操作后，原始完整数据可分为 $n = \dfrac{d_I}{d_i} \times \dfrac{d_J}{d_j} \times \dfrac{d_K}{d_k}$，合并之后的块数 $n_{\text{new}} \leqslant n$。而这个合并之后的块数可以在一定程度上反映原始数据的局部规整性程度，也即数据局部结构相似性越显著，则合并的块数越多，合并之后的数据块数越少；而局部结构差异越大，则数据的块数越多。

2. 基于张量 CP 分解的结构异质性测度

基于数据局部结构存在相似性，构造的局部规整性测度指标更多的是从数据的数据空间出发，其表征了数据的整体数值信息。对于时空场数据，从数据的特征空间出发，考虑其在各个维度上的特征结构是高维时空场分析的典型特点。基于此，我们考虑利用高维数据的特征分解进行数据异质性测度。张量的 CP 分解由于参数简洁性和计算稳定性已在时空场数据分析中得到广泛的应用。因此，利用其对于高维数据的特征揭示能力，构造基于张量 CP 分解的非规则数据的异质性特征测度。

同样基于上述划分的块数据 $\{X_i\}_{i=1}^n$，在每个小块上进行数据特征自适应的张量 CP 分解。考虑到每个块状结构不同，对于同样的张量分解，达到同样的分解精度所需的特征分量数也不相同，并且在同样的逼近残差下，各个块的结构差异很大，提取的特征分量结构差异也很大。而对于时空位置相邻的两块，假如存在较强的局部结构相似性，即使数值表现可能差异很大，但由于张量分解是在特征空间中对数据特征的分析，相似结构的数据的张量分解结构也是极为相似的，则其对应的残差结构也存在一定程度上的相似性。基于此，利用相邻两块的 CP 分解的残差矩阵，进一步计算残差的差值矩阵，通过残差矩阵中每个数值的分布情况度量两个残差矩阵的分布结构的相似性，并反映对应的子张量块结构的相似性，进而测度整体张量数据的结构异质性。

对不同的张量块，分别设定相同的分解精度 ε，张量 CP 分解如下：

$$\text{CP}(X_i) = \left\{\lambda_j^i, a_j^i, b_j^i, c_j^i\right\}_{i=1\,j=1}^{nn_i} \tag{9.4}$$

式中，$\text{CP}(\cdot)$ 代表张量 CP 分解；$\left\{\lambda_j^i, a_j^i, b_j^i, c_j^i\right\}_{i=1\,j=1}^{nn_i}$ 表示第 i 个张量块 $\{X_i\}_{i=1}^n$ 分解的结构集合，表示了数据在各个维度上的特征值和特征分量集合。其中第 i 个张量块的特征分量个数为 n_i，表明了由于数据的异质性，每个局部块的结构存在差异，因此在同样的分解精度的约束下，不同的块所需的分量数是不一样的。

基于上述分解结果，可以计算对应的每个块上的残差矩阵如下：

$$\text{res}(X_i) = X_i - \sum_{j=1}^{n_i} \lambda_j^i a_j^i \circ b_j^i \circ c_j^i \tag{9.5}$$

进而可以得到相邻残差矩阵的差值矩阵:

$$\text{ress}(X_i - X_{i+1}) = \text{res}(X_i) - \text{res}(X_{i+1}) \tag{9.6}$$

基于残差矩阵差值矩阵, 可以通过计算其方差来测度两个残差结构的相似性。一般情况下, 数据的分布结构越相似, 其残差的分布结构也越相似, 则其残差差值矩阵的数值波动性就越小, 其方差越小。

在划分子张量块的基础上, 利用同等约束条件下的张量 CP 分解的残差结构, 结合残差方差可以度量局部结构的相似性。同样, 极为相似的局部子张量块可以合并构成局部结构相对一致的块状结构。经过此操作后, 原始散乱结构的张量数据可以划分为局部结构相对一致的张量数据, 为后续此类数据的特征分析方法奠定基础。

3. 基于信息熵的局部规整性测度

时空场数据的高维特性和多属性维度特性决定了其既要从整体的视角去观测多维时空耦合的整体特征, 也需要从不同维度探测数据的局部结构特征, 如空间分布结构和时间上的演化特征等。例如, 对于局部规整的非规则时空场数据, 从时间维观测可以认为是整个空间上的数据在不同时刻的采样, 由于数据在局部结构分布上存在差异, 其在不同的时刻会存在不同程度的波动。对于局部结构相对一致的数据, 其在不同时刻的数据波动较弱。对于这类数据, 虽然每个更新的阵列数据的时间长度不一致, 但可以将局部结构性较强的数据作为整体处理, 这对于数据分析精度和效率都具有重要的意义。

对于数据在时间维度上的波动情况, 多用方差来度量数据的变化程度。而直接计算方差适用于单一的数据序列分析。对于高维的时空场数据, 直接引入仍存在诸多方面的问题。

以三维时空场数据 $X \in \mathbb{R}^{I \times J \times K}$ 为例, 基于上述的不同的分块 $\{X_i \in \mathbb{R}^{I_i \times J_i \times K_i}\}_{i=1}^{n}$, 当固定了时间段 $(1, 2, \cdots, K_i)$, 每一个块在每个时刻上都是二维空间数据 $\{(X_i)_{:,:,j} \in \mathbb{R}^{I_i \times J_i}\}_{i=1 j=1}^{n K_i}$, 为后续计算的方便, 将此二维数据记为 $\{X_i^t \in \mathbb{R}^{I_i \times J_i}\}_{i=1 t=1}^{n K_i}$。

要测度这些二维空间数据在时间上的变异程度, 传统的做法是对其直接求平均值。然而考虑到地理空间数据分布的结构差异性, 直接平均可能导致数据的局部特征被忽视。而信息熵不仅测度了数据的整体信息, 也表征了数据的局部空间分布信息, 因此, 本书将信息熵引入数据的加权平均的运算过程中。

对于局部切片数据 $\{X_i^t \in \mathbb{R}^{I_i \times J_i}\}_{i=1 k=1}^{n K_i}$ 的具体数值 X_{jk}, 其周围的平均值 $\tilde{X}_{jk}$ 可以认为是对 X_{jk} 的空间特征的度量。将这两个数据组成点对 (X_{jk}, X_{jk}), 有如下定义:

$$P_{jk} = \frac{f(X_{jk}, X_{jk})}{M^2} \tag{9.7}$$

式 (9.7) 反映了某一数据和其周围数据的分布的综合特征。这里 $f(X_{jk}, X_{jk})$ 是点对 (X_{jk}, X_{jk}) 出现的频率，M 是块结构 $\{X_i^t \in \mathbb{R}^{I_i \times J_i}\}_{i=1k=1}^{nK_i}$ 中元素的个数，且 $M = I_p \times J_p$。进而，信息熵可以定义如下：

$$H_i^t = \sum_{k=1}^{J_i} \sum_{j=1}^{I_i} (P_{jk} \log_2 P_{jk}) \tag{9.8}$$

该信息熵不仅包含了数据的主要信息，还反映了对应的数据和其周围元素的分布特征。

对于时间段 $(1, 2, \cdots, K_i)$ 上的空间数据，可以得到关于信息熵的时间序列 $(H_i^1, H_i^2, \cdots, H_i^{K_i})$，进而基于协方差计算函数 Var 计算这个序列上的协方差：

$$\varepsilon_i = \mathrm{Var}\left(H_i^1, H_i^2, \cdots, H_i^{K_i}\right) \tag{9.9}$$

得到协方差序列 $(\varepsilon_1, \varepsilon_2, \cdots, \varepsilon_n)$，在此基础上计算相邻协方差的变差，并设置变差阈值 γ，当变差小于这个阈值时，可以认为这两个时间段上的数据结构接近，即数据是相对一致的；当大于这个阈值时，则认为这两块数据结构差异较大。

$$\begin{cases} |\varepsilon_{i+1} - \varepsilon_i| < \gamma \ \text{则} \ X = \{X_i \oplus X_{i+1}\} \\ |\varepsilon_{i+1} - \varepsilon_i| \geqslant \gamma \ \text{则} \ X = \{X_i, X_{i+1}\} \end{cases} \tag{9.10}$$

式中，$\oplus$ 表示连接操作，即将两块数据合并为一块。这个合并之后的块数可以在一定程度上反映原始数据的结构异质性程度，也即数据局部结构性越显著，则合并的块数越多；而局部结构性越弱，则数据的块数越少。同样，经过拆分合并的操作，原始散乱结构的数据可以划为局部结构较为一致的数据，避免将原始数据作为整体处理时忽略局部结构特征的弊端，同时也为分块的特征分析提供了合理的拆分策略。

9.3　特征相似性驱动的结构异质时空场数据的分块张量分析方法

9.3.1　总体思想

基于在相邻位置和时间节点获得的时空观测值相似的事实，时空数据往往是局部结构化，但整体相关性较弱。目前，可行的方法是对这些结构相对一致的局部数据进行张量分解，以消除数据中异构变化的影响。此外，该思想已广泛应用于复杂的二维数据的特征提取中。结果表明，局部处理可以有效地减少异构数据在全局分析中的特征估计偏差。因此面向高维时空场数据分析，需要将这种处理策略进行多维推广。具体来说，需要将高维数据按照局部结构的相似性进行分区，使数据内部的相似性尽可能的大，而数据间的相似性尽可能的小，进而在这些局部结构相对一致的数据基础上直接利用张量分解进行特征分析。整个过程可以分为原始数据的分区、分区数据的相似性度量、数据重组和张量分析。完整的流程图如图 9.1 所示。

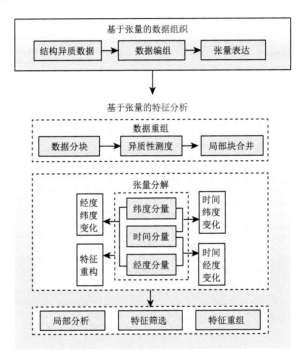

图 9.1　结构异质数据的分析流程

9.3.2　异质时空场数据的张量块划分

基于时空异质性的张量数据组织的整体思想是将原始局部规整的地理场数据分割成多个分布结构相对均一的子张量块状数据，进而根据时空异质性度量，将局部相似的块数据合并，以便形成局部结构相对一致的张量数据重组。对每个块结构独立存储的张量数据，考虑到局部数据与整体数据之间的特征关联，可以分别进行张量层次分解，以生成特征的层次结构。这些层次特征结构即是局部规整的数据在每一个相对均一的局部数据上的特征。相较于原始张量数据，分割的这些块状结构数据更小且分布更均一。因此，基于分割合并范式的张量分析不仅分析更有效，且由于数据的一致性而计算更精确。

张量 $X \in \mathbb{R}^{I \times J \times K}$ 可以看成是由一系列具有相同时空参照的子张量构成的,这些子张量可以被定义为原始数据中最小的单元 (在时空维度上不能再分割的),如下所示:

$$\text{Block}(X, m) = \{X_i\}_{i=1}^{m} \tag{9.11}$$

在具体的分割过程中, 原始张量数据首先基于属性值进行划分, 这是因为不同属性之间的数据范围和特征可能存在显著差异。然后根据空间和时间维度进行分割, 进一步减少维度的不平衡, 从而使块的大小达到理想的大小。由于数据的维度各不相同, 需要用户为每个维度定制拆分的块的数量。为了保持数据的自然结构, 时间维度的划分通常是数据更新间隔的一个因素。对于空间维度, 它通常是一个在坐标空间上具有相同大小的块。数据分割的流程图如图 9.2 所示。

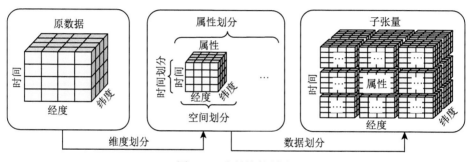

图 9.2　张量块的划分

9.3.3　基于相似性测度的子张量重组

这些分区子张量仍然保持时空参考的完整性, 它们本质上是多维时空场数据。对于这些子张量的相似性度量, 传统的相似性度量方法可能是无效的。例如, 常用的相似性度量采用欧氏距离或曼哈顿距离等距离度量 (Lee, 2014)。由于数据的最近距离和最远距离之间的相对差异会随着维度的增加而消失, 所以对于多维数据来说, 这种测量的有效性很难得到保证 (Aggarwal, 2001)。另一种常用的度量方法是先将多维数据按照一定的维数展开为矩阵或向量, 再将多维数据转化为低维空间, 然后在低维空间进行相似性度量。然而, 该方法不仅破坏了特征之间的时空耦合结构, 还产生了高维复杂计算问题 (Khokher et al., 2018)。因此, 现有方法对时空场数据相似性度量的支持仍然不足。因此考虑在数据的特征空间, 利用多维数据的张量分解, 得到对应的各个维度上的特征分量。张量分解得到的特征分量是由原始多维混合数据经过投影变换得到的显著特征分量, 其往往表征了数据的主导模式, 因此, 基于特征空间的相似性度量更能体现原始数据特征结构的相似性。基于特征分量的相似性，可以将相似的块聚合在一起，拼合形成局部结构相对一致的张量块数据，具体流程如图 9.3 所示。

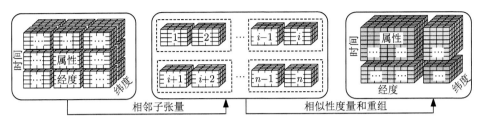

图 9.3　张量块的重组

9.3.4　基于重组数据的张量特征分析

重组后子张量数据是一个各个维度相对均衡的多维张量数据，因此可以直接使用张量分解。以张量 CP 分解为例，每个张量利用 CP 分解得到 $\mathrm{CP}(X_i') = \sum_{r=1}^{R} \lambda_{ir}' a_{ir}' \circ b_{ir}' \circ c_{ir}' + \mathrm{res}_i'$，分解后的潜在因子是通过考虑各个维度数据之间的耦合关系而得到的，因此适用于特定维度组合数据的特征提取和所有维度的数据逼近。基于分解结果 $\{\lambda_{ir}', a_{ir}', b_{ir}', c_{ir}'\}_{i=1 \ r=1}^{m'\ R}$，对于由特定维度组合的每个重组子张量的特征估计可以利用张量重构得到。例如，经度–时间维 $\{U_i^{IK}\}_{i=1}^{m'}$、纬度–时间维 $\{U_i^{IJ}\}_{i=1}^{m'}$ 等可以利用如下公式重构获得：

$$
\begin{cases}
\left\{U_i^{IJ}\right\}_{i=1}^{m'} = \left\{\displaystyle\sum_{r=1}^{R} a_{ir}' \circ b_{ir}'\right\}_{i=1}^{m'} \\[4mm]
\left\{U_i^{IK}\right\}_{i=1}^{m'} = \left\{\displaystyle\sum_{r=1}^{R} a_{ir}' \circ c_{ir}'\right\}_{i=1}^{m'} \\[4mm]
\left\{U_i^{JK}\right\}_{i=1}^{m'} = \left\{\displaystyle\sum_{r=1}^{R} b_{ir}' \circ c_{ir}'\right\}_{i=1}^{m'}
\end{cases}
\tag{9.12}
$$

对于每个重组子张量 $\{X'\}_{i=1}^{m'}$ 的数据逼近 $\{X_i^{IJK}\}_{i=1}^{m'}$ 由下式获得：

$$
\left\{X_i^{IJK}\right\}_{i=1}^{m'} = \left\{\sum_{r=1}^{R} \lambda_{ir}' a_{ir}' \circ b_{ir}' \circ c_{ir}'\right\}_{i=1}^{m'}
\tag{9.13}
$$

张量分析总的流程图如图 9.4 所示。

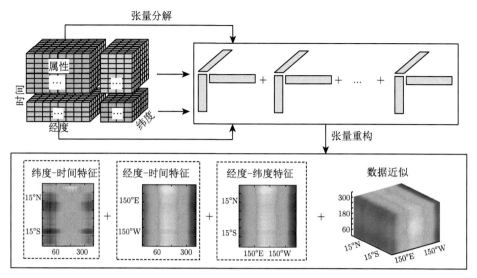

图 9.4　张量分析

9.4　结构异质时空场分析方法在气象场数据中的应用

9.4.1　研究数据和实验配置

选取美国国家海洋和大气管理局 (NOAA) 公布的 1948 年 1 月 1 日至 2010 年 12 月 31 日 $2.5° \times 2.5°$ 的气温数据作为实验数据。该温度数据是多源数据集通过气候模式融合而形成的全球日平均气象再分析数据集。本研究对由经度、纬度、时间维度构成的气温数据张量 $\mathrm{Air} \in \mathbb{R}^{144 \times 73 \times 365}$ 主要进行了以下实验：① 使用 CP 分解验证所提出的方法在数据逼近和特征提取方面的优势，为方便起见，将用于重组块的 CP 分解简称为局部分解，将用于原始数据的 CP 分解简称为全局分解；② 将原始数据分别按照相同大小和异质性变异进行张量块划分，然后利用张量分解来验证所提出的数据划分策略可以更好地支撑张量分析。

9.4.2　数据划分和重组

原始数据是多年平均数据，它们容易受到许多常见的气候强迫因素 (如一年中不同时期的地形或气候事件) 的影响，表现出时间行为的显著异质性 (Zhao et al., 2017)。在没有先验知识的情况下，将原始数据按 12 个月划分为 12 个子张量，然后根据提出的数据重组策略对其进行重组。因此，原始数据 $\mathrm{Air} \in \mathbb{R}^{144 \times 73 \times 365}$ 最终重组为 $\{\mathrm{Air}_1 \in \mathbb{R}^{144 \times 73 \times 65}, \mathrm{Air}_2 \in \mathbb{R}^{144 \times 73 \times 30}, \mathrm{Air}_3 \in \mathbb{R}^{144 \times 73 \times 120}, \mathrm{Air}_4 \in \mathbb{R}^{144 \times 73 \times 60}, \mathrm{Air}_5 \in \mathbb{R}^{144 \times 73 \times 90}, \mathrm{Air}_6 \in \mathbb{R}^{144 \times 73 \times 365}\}$；也就是说，将 12 月和 1 月的数据合并为第一子张量 Air_1，将 2 月的数据合并为第二子张量 Air_2，将 3 月、4

月、5 月和 6 月的数据合并为第三子张量 Air_3，将 7 月和 8 月的数据合并为第四子张量 Air_4，而 9 月、10 月和 11 月的数据合并为第五子张量 Air_5，结果如图 9.5 所示。

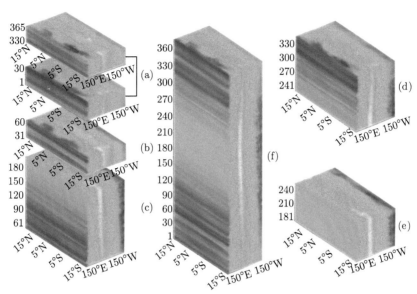

图 9.5　基于结构异质性的 Air 数据分块

(a) 第一块；(b) 第二块；(c) 第三块；(d) 第四块；(e) 第五块；(f) 原始数据

9.4.3　数据逼近效果的对比

比较整体张量分解和分块张量分解的方向残差和整体残差，以验证所提出的方法的数据逼近性能，并通过分析两种张量分解策略下数据逼近精度的提升结构来验证所提出的方法对结构复杂数据特征逼近的优势。为方便起见，将相对误差率的变化简写为精度的提高。方向相对误差率和精度提高情况如图 9.6 所示。由图 9.6(a)~(c) 可知，局部分解得到的空间维度和时间维度的相对错误率均小于全局分解。图 9.6 还显示了该方法的时间相对误差比全局分解的相对误差更稳定。这可能是因为时间维划分使得局部数据趋于结构化一致，减少了异构变异对张量分解的影响。从图 9.6 可以看出，精度的提高在各个维度上都有显著差异。

从图 9.6(d) 中经向分布的精度提高情况可以看出，在 $(0°, 112°E)$ 和 $(135°W, 93°W)$ 范围内，随着经度的增加，精度的提高逐渐增加，分别在 0.014 和 0.011 处达到精度提高的峰值；在 $(112°E, 135°W)$ 和 $(93°W, 0°)$ 范围内，精度的提高随着经度的增加而逐渐降低。这些模式似乎跟随着陆地和海洋的全球分布。总体而言，陆–海分布在 $(0°, 112°E)$ 和 $(135°W, 93°W)$ 范围内陆地所占比例较大，在

(112°E, 135°W) 和 (93°W, 0°) 范围内海洋所占比例较大。众所周知，空气温度受到包括陆地和海洋模式的模态混叠的影响，由于海洋和陆地之间的热特性差异，陆地数据拥有比海洋数据更复杂的模态 (Blesić et al., 2019)。在陆地占比较大的地区，气温结构趋于不均匀。因此，可以得出结论，与传统张量方法相比，该方法能更好地从复模态的影响中捕获数据特征，从而显著提高数据逼近的精度。

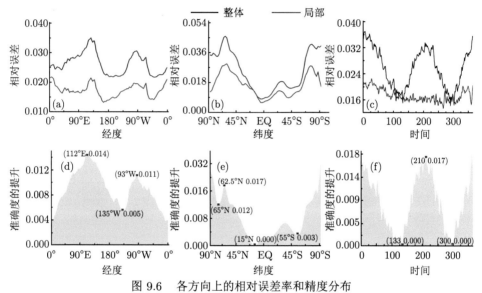

图 9.6　各方向上的相对误差率和精度分布

(a) 经度上的相对错误率；(b) 纬度上的相对错误率；(c) 时间上的相对错误率；(d) 提高经度的准确度；(e) 提高纬度的准确度；(f) 提高时间的准确度

　　根据图 9.6(e) 中纬向分布的精度提高，可以发现精度提高的高值都在高纬度地区，低值主要分布在南半球的中纬度地区。一般来说，高纬度地区的气候以寒冷区域为主，并且存在极昼极夜，使得该地区气温具有显著的非均匀性变化。而南半球中纬度地区主要分布着海洋，模态结构相对简单，导致气温的不均匀性变化较弱。因此，可以认为所提出的方法可以显著提高具有显著异质变异的数据的精度，更适用于复杂数据的特征分析。

　　从精度提高的时间分布 [图 9.6(f)] 来看，发现精度提高的低值点出现在春季和秋季，高值点出现在夏季和冬季。总的来说，由于亚热带反气旋的影响，北半球和南半球的主要大陆区域在 7 月、8 月和 12 月、1 月有明显的气候活动 (Holton, 1973)。特别是在夏季，高入射的太阳辐射会导致陆地上空明显的对流活动和垂直热通量 (Jain et al., 1999)。这些异常的气候活动导致了大气温度的显著非均匀变化，如海陆表面温度对比的高变异性 (Byrne and O'Gorman, 2013)。因此，与传统的张量方法相比，对于复杂的气温时间变化，该方法可以更准确地捕获数据特征。上述结果表明，传统的张量分解对于由复杂模态和异常气候事件引起的异质性变异结构的估计是有偏的，而局部张量分解通过整合异质性变异，可以有效地减少异质性变异对于特征估计的影响，更准确地捕获全球和局部区域的气温特征。

9.4.4 特征提取效果对比

为了检验所提出方法在特征提取方面的性能，通过局部和全球分解获得的纬度、时间维度的第一种模式及全局平均结果如图 9.7 所示。图 9.7(a)~(c) 显示了从赤道到南北极的总体温度下降趋势，然而在细节上还是存在一些差异。例如，通过全局分解获得的第一个模态 [图 9.7(a)] 无法再现赤道附近的高值区域，但在整

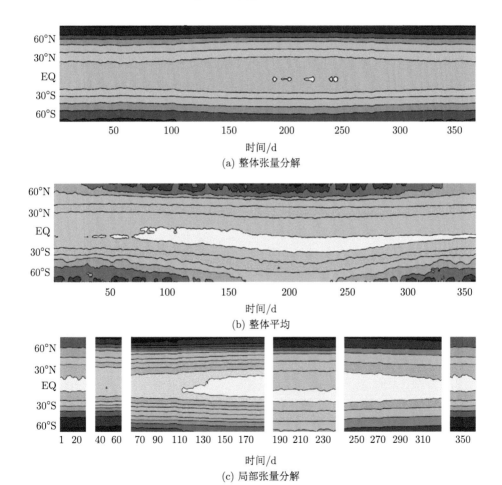

图 9.7　分解重构结果的空间型分布

颜色表示温度，蓝色至黄色表示温度升高

体平均 [图 9.7(b)] 和局部分解 [图 9.7(c)] 中得到了很好的体现。造成这种差异的主要原因是，整体张量分解倾向于在大尺度结构上的捕获，而局部区域的变化可能掩盖了细节信息。

通过图 9.7(c)，我们可以发现在第一模态中，等温线模式的一些差异随位置和时间的变化而变化。特别是在第二和第三子张量中，高纬度的等温线密集，且温度梯度大；在低纬度地区，等温线变得稀疏，温度梯度较小。温度梯度的这种区域变化与关于赤道至两极表面温度梯度的记录一致 (Polichtchouk and Cho, 2016)。温度梯度的这些区域变化差异与纬度带中的海洋–陆地比例有关。通常而言，中高纬度地区陆地占比更大，大陆地区对温度变化的敏感性要比海洋高 (Lee, 2014)。

在不同时间段的等温线是不连续的，这反映了全球温度数据的长期行为的不均匀变化。尤其是在 7~8 月 [图 9.7(c) 中的第四个子张量]，等温线模式与其他时段显著不同，高值等温线的波动范围显著减小，等温线区域也被抵消。这种模式可能受到厄尔尼诺事件背景下大气环流异常引起的夏季异常的影响 (Tao et al., 2017)。先前的一些研究表明，赤道太平洋的整个夏季 (6~8 月) 一直持续存在明显的气候异常，如热带对流层温度升高和海面温度变暖。

综上所述，考虑到异质性的张量分解可以提取典型的等温线模式，该等温线模式与通过普通平均和常规张量方法发现的模式大致一致。此外，所提出的方法可以揭示传统张量方法中忽略的温度梯度的区域变化和气温的异常变化。

9.4.5　方法的灵活性和稳健性对比

对于时空场数据的局部张量分解，局部数据划分的合理性对于准确的特征估计至关重要。为了验证所提出的数据分区策略的有效性，将我们的策略与在相同分区数据编号情况下常用的统一分区进行了比较。这意味着原始数据被划分为具有相同数据大小的五个子张量。在此，定义了基本的分区策略，根据月份对原始数据进行分区。分别对每个月的数据分别进行 CP 分解，以得到的每个月数据的潜在因子作为基线。然后，将 CP 分解分别应用于异构数据和统一分区数据，从而获得每个月数据的潜在因子，再与基线进行比较。以时间维度上的第一个潜在因子为例，比较结果如表 9.1 所示。其中，CC1 表示相应月份中异构分区数据的基线和时间潜在因子之间的相关系数，CC2 表示相应月份中统一分区数据的基线和时间潜在因子之间的相关系数。

从表 9.1 中，我们发现 CC1 和 CC2 在大多数月份都非常接近 1。这表明，异构分区数据和统一分区数据的时间潜在因子与直接应用 CP 分解得到的每个月数据的时间潜在因子高度相关，但是对于 3 月、5 月和 10 月，CC1 显著高于 CC2。为了更好地进行分析，绘制这些潜在因子的曲线，如图 9.8 所示。

表 9.1   相关系数结果

参数	1 月	2 月	3 月	4 月	5 月	6 月
CC1	0.9912	0.9982	0.9731	0.9970	0.9915	0.9128
CC2	0.9520	0.9950	-0.5221	0.9612	-0.1138	0.9251
参数	7 月	8 月	9 月	10 月	11 月	12 月
CC1	0.9928	0.9531	0.9812	0.9628	0.9965	0.9995
CC2	0.9910	0.3815	0.9548	0.1369	0.9820	0.9788

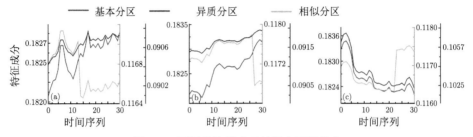

图 9.8   不同分块策略下的潜在因子分布

从图 9.8 中我们可以发现，与从异构分区数据中提取的 3 月、5 月和 10 月的潜在因子相比，从统一分区数据中提取的相应月份的潜在因子容易产生偏差，甚至出现相反的趋势。这主要是因为统一分区仅平衡了每个局部数据的数据量，但总体上易于处理具有显著异构变化的局部数据。然而，在异构分区时，具有相似结构的局部数据被一起处理。它不仅减少了分别对每个月度数据进行张量分解的运算次数，而且使局部数据的内部结构更加一致，从而减少了由于数据内部异质性变化的影响而引起的偏差。

由以上分析可知，所提出的基于异质性分割的张量分解更能体现出数据的局部异质性，有效支撑了数据整体模态在不同局部范围内的分离和提取，较好地融合了地学数据的时空异质性特点和张量的多维分析优势。张量方法在多维数据的特征分析中得到了越来越广泛的应用，如模态提取、特征揭示等。这些应用大多基于张量分解的特征捕获。因此，特征捕获的准确性是张量应用成功的关键。本研究将异质性融入张量分解的过程中，显著提高了特征捕获的准确性，这有助于推广张量法在地学分析中的应用。

9.5 本 章 小 结

本章构造了结构异质的非规则时空场数据的特征分析方法，基于数据分布结构的局部相似性特点，提出了基于分割–相似性合并–张量分解的分析模式；从数据的多维结构和多模态混叠的视角出发，构建了基于特征空间相似性度量方法，结合非规则数据的异质性测度，设计了基于异质性的张量块分割策略；同时利用层次张量分解的多维分析和层次结构特性，构造了结构异质的非规则时空场数据的局部特征分析方法。基于 NOAA 发布的气象再分析数据的案例研究表明，相较于原始整体数据张量分解，本章方法可以实现对原始数据更加精确的特征逼近，同时在误差分布上也比原始张量方法更加稳定。与均匀分块策略的张量分解相对比，本章提出的基于异质性分割的张量分解更能体现出数据的局部异质性，有效支撑了数据整体模态在不同局部范围内的分离和提取；基于异质性分割的张量分解，较好地融合了地学数据的时空异质性特点和张量的多维分析优势。

参 考 文 献

陈超, 王亮, 闫浩文, 等. 2013. 一种基于 NoSQL 的地图瓦片数据存储技术 [J]. 测绘科学, 38(1): 142-143.

陈艳男. 2013. 采用最优化方法的张量计算及其应用 [D]. 南京: 南京师范大学.

冯思芸, 施振佺, 曹阳. 2021. 基于全局时空特性的城市路网交通速度预测模型 [J/OL]. 计算机工程: 1-9 [2021-06-18].

谷延锋, 高国明, 郑贺, 等. 2015. 高分辨率航空遥感高光谱图像稀疏张量目标检测 [J]. 测绘通报, (1): 31-38.

李鹏程. 2015. 基于张量特征值分析的特征表示及典型应用 [D]. 西安: 西安电子科技大学.

柳欣, 钟必能, 张茂胜, 等. 2014. 基于张量低秩恢复和块稀疏表示的运动显著性目标提取 [J]. 计算机辅助设计与图形学学报, (10): 1753-1763.

卢廷军, 黄明. 2010. 海量栅格数据空间索引与存储的研究 [J]. 测绘通报, (10): 24-26.

罗文, 袁林旺, 俞肇元, 等. 2013. 基于主张量的时空数据特征驱动可视化方法 [J]. 应用基础与工程科学学报, 21(2): 276-286.

吕炯兴. 2001. 几个矩阵范数不等式及其在谱扰动中的应用 [J]. 高等学校计算数学学报, (2): 162-170.

彭立中, 张帆, 周丙寅. 2016. 图像与视频处理的张量方法 [J]. 数学进展, 45(6): 840-860.

钱程程, 陈戈. 2018. 海洋大数据科学发展现状与展望 [J]. 中国科学院院刊, 33(8): 884-891.

任振球. 2000. 大气环流创新模式-内外因耦合及三维地转平衡的全球大气环流模式和中尺度特大暴雨模式研究设想 [J]. 地球信息科学, (2): 16-17.

舒托, 杨志霞. 2017. 基于张量核范数的支持张量机 [J]. 内江师范学院学报, 32(10): 34-39.

隋中山, 李俊山, 张姣, 等. 2017. 张量低秩表示和时空稀疏分解的视频前景检测 [J]. 光学精密工程, 25(2): 529-536.

孙倩, 吴波, 周天军. 2017. 基于可预测模态分析技术的亚澳夏季风统计—动力季节预测模型及其回报技巧评估 [J]. 地球科学进展, 32(4): 420-434.

魏建新, 魏东琦, 吴信才. 2009. 遥感可视化建模工具的工作流模型及分布式调度算法 [J]. 干旱区地理, (2): 304-309.

熊李艳, 何雄, 黄晓辉, 等. 2018. 张量分解算法研究与应用综述 [J]. 华东交通大学学报, 35(2): 120-128.

尹章才, 李霖. 2005. GIS 中的时空数据模型研究 [J]. 测绘科学, 30(3): 12-14.

俞肇元, 袁林旺, 闾国年, 等. 2011. 卫星测高揭示的海面变化经纬向耦合特征及其对 ENSO 事件响应 [J]. 地球物理学报, 54(8): 1972-1982.

张学洪, 俞永强, 刘海龙. 2003. 海洋环流模式的发展和应用 I. 全球海洋环流模式 [J]. 大气科学, 27(4): 607-617.

Abed-Meraim K, Moulines E. 1997. Prediction error method for second-order blind identification[J]. IEEE Transactions on Signal Processing, 45(3): 694-705.

Acar E, Harrison R J, Olken F, et al. 2009a. Future directions in tensor-based computation and modeling[C]//NSF Workshop Rep., Arlington, VA.

Acar E, Kolda T G, Dunlavy D M. 2009b. An optimization approach for fitting canonical tensor decompositions[J]. Sandia National Laboratories, Tech. Rep. SAND2009-0857: 2.

Aggarwal C C. 2001. Re-designing distance functions and distance-based applications for high dimensional data[J]. ACM Sigmod Record, 30(1): 13-18.

Alapaty K, Mathur R, Odman T. 1998. Intercomparison of spatial interpolation schemes for use in nested grid models[J]. Monthly Weather Review, 126(1): 243-249.

Alter O, Brown P O, Botstein D. 2000. Singular value decomposition for genome-wide expression data processing and modeling[J]. Proceedings of the National Academy of Sciences, 97(18): 10101-10106.

Altintas I, Barney O, Jaeger-Frank E. 2006. Provenance collection support in the kepler scientific workflow system[C]//International Provenance and Annotation Workshop. Berlin, Heidelberg: Springer: 118-132.

An J, Lei J, Song Y, et al. 2019. Tensor based multiscale low rank decomposition for hyperspectral images dimensionality reduction[J]. Remote Sensing, 11(12): 1485.

Andersen C M, Bro R. 2003. Practical aspects of PARAFAC modeling of fluorescence excitation-emission data[J]. Journal of Chemometrics: A Journal of the Chemometrics Society, 17(4): 200-215.

Ashok K, Iizuka S, Rao S A, et al. 2009. Processes and boreal summer impacts of the 2004 El Niño Modoki: An AGCM study[J]. Geophysical Research Letters, 36(4).

Asif M T, Mitrovic N, Dauwels J, et al. 2016. Matrix and tensor based methods for missing data estimation in large traffic networks[J]. IEEE Transactions on Intelligent Transportation Systems, 17(7): 1816-1825.

Bader B W, Berry M W, Browne M. 2008. Discussion Tracking in Enron Email Using PARAFAC[M]//Survey of Text Mining II. London: Springer: 147-163.

Baker A H, Hammerling D M, Mickelson S A, et al. 2016. Evaluating lossy data compression on climate simulation data within a large ensemble[J]. Geoscientific Model Development, 9(12): 4381-4403.

Bengua J A, Phien H N, Tuan H D, et al. 2017. Efficient tensor completion for color image and video recovery: Low-rank tensor train[J]. IEEE Transactions on Image Processing, 26(5): 2466-2479.

Ben-Sasson E, Viderman M. 2015. Composition of semi-LTCs by two-wise tensor products[J]. Computational Complexity, 24(3): 601-643.

Bhattacharya S, Braun C, Leopold U. 2019. A tensor based framework for large scale spatio-temporal raster data processing[J]. The International Archives of the Photogrammetry, Remote Sensing and Spatical Information Sciences, XLII-4/W14: 3-9.

Blesić S, Zanchettin D, Rubino A. 2019. Heterogeneity of scaling of the observed global temperature data[J]. Journal of Climate, 32(2): 349-367.

Broschat S L. 1997. Coherent reflection loss from a Pierson–Moskowitz sea surface using the NLSSA[J]. The Journal of the Acoustical Society of America, 102(5): 3215-3215.

Byrne M P, O'Gorman P A. 2013. Link between land-ocean warming contrast and surface relative humidities in simulations with coupled climate models[J]. Geophysical Research Letters, 40(19): 5223-5227.

Chang K, Qi L, Zhang T. 2013. A survey on the spectral theory of nonnegative tensors[J]. Numerical Linear Algebra with Applications, 20(6): 891-912.

Chang K, Qi L, Zhou G. 2010. Singular values of a real rectangular tensor[J]. Journal of Mathematical Analysis and Applications, 370(1): 284-294.

Chen B, Li Z, Zhang S. 2015. On optimal low rank Tucker approximation for tensors: The case for an adjustable core size[J]. Journal of Global Optimization, 62(4): 811-832.

Chen C, Zhang X, Ben D. 2013. Coherent angle estimation in bistatic multi-input multi-output radar using parallel profile with linear dependencies decomposition[J]. Iet Radar Sonar & Navigation, 7(8): 867-874.

Chen J. 2014. Tensor graph-optimized linear discriminant Analysis[J]. Journal of Digital Information Management, 12(1): 31-35.

Cichocki A, Mandic D, Lathauwer L D, et al. 2015. Tensor decompositions for signal processing applications from two-way to multiway component analysis[J]. IEEE Signal Processing Magazine, 32(2): 145-163.

Comon P, Luciani X, De Almeida A L F. 2009. Tensor decompositions, alternating least squares and other tales[J]. Journal of Chemometrics: A Journal of the Chemometrics Society, 23(7-8): 393-405.

Cong F, Lin Q H, Kuang L D, et al. 2015. Tensor decomposition of EEG signals: A brief review[J]. Journal of Neuroscience Methods, 248: 59-69.

Cornillon P, Adams J, Blumenthal M B, et al. 2009. NVODS and the development of OPeNDAP[J]. Oceanography, 22(2): 116-127.

Dauwels J, Srinivasan K, Reddy M R, et al. 2012. Near-lossless multichannel EEG compression based on matrix and tensor decompositions[J]. IEEE Journal of Biomedical and Health Informatics, 17(3): 708-714.

De Lathauwer L, De Moor B, Vandewalle J. 2000a. A multilinear singular value decomposition[J]. SIAM Journal on Matrix Analysis and Applications, 21(4): 1253-1278.

De Lathauwer L, De Moor B, Vandewalle J. 2000b. On the best rank-1 and rank-(r1, r2, …, rn) approximation of higher-order tensors[J]. SIAM Journal on Matrix Analysis and Applications, 21(4): 1324-1342.

Dean J, Ghemawat S. 2008. MapReduce: Simplified data processing on large clusters[J]. Communications of the ACM, 51(1): 107-113.

Ding H, Gao H, Zhao B, et al. 2014. A high-resolution photon-counting breast CT system with tensor-framelet based iterative image reconstruction for radiation dose reduction[J]. Physics in Medicine & Biology, 59(20): 6005.

Donoho D L. 2006. Compressed sensing[J]. IEEE Transactions on Information Theory, 52(4): 1289-1306.

Edwards W N, Eaton D W, Brown P G. 2008. Seismic observations of meteors: Coupling theory and observations[J]. Rev. Geophys., 46: RG4007.

Fang L, He N, Lin H. 2017. CP tensor-based compression of hyperspectral images[J]. JOSA A, 34(2): 252-258.

Frelat R, Lindegren M, Denker T S, et al. 2017. Community ecology in 3D: Tensor decomposition reveals spatio-temporal dynamics of large ecological communities[J]. PloS One, 12(11): 1-17.

Friedland S, Ottaviani G. 2014. The number of singular vector tuples and uniqueness of best rank-one approximation of tensors[J]. Foundations of Computational Mathematics, 14(6): 1209-1242.

Gao Y, Wang X, Cheng Y, et al. 2015. Dimensionality reduction for hyperspectral data based on class-aware tensor neighborhood graph and patch alignment[J]. IEEE Transactions on Neural Networks and Learning Systems, 26(8): 1582-1593.

Gelman A. 2004. Exploratory data analysis for complex models[J]. Journal of Computational and Graphical Statistics, 13(4): 755-779.

Geng Z, Zhu Q. 2005. Multiscale nonlinear principal component analysis (NLPCA) and its application for chemical process monitoring[J]. Industrial & engineering chemistry research, 44(10): 3585-3593.

Grasedyck L. 2010. Hierarchical singular value decomposition of tensors[J]. SIAM Journal on Matrix Analysis and Applications, 31(4): 2029-2054.

Grasedyck L, Kressner D, Tobler C. 2013. A literature survey of low-rank tensor approximation techniques[J]. GAMM-Mitteilungen, 36(1): 53-78.

Grasedyck L, Löbbert C. 2018. Distributed hierarchical SVD in the Hierarchical Tucker format[J]. Numerical Linear Algebra with Applications, 25(6): e2174.

Gourvénec S, Tomasi G, Durville C, et al. 2005. CuBatch, a MATLAB interface for n-mode data analysis[J]. Chemometrics & Intelligent Laboratory Systems, 77(1-2): 122-130.

Greff K, Srivastava R K, Koutník J, et al. 2016. LSTM: A search space odyssey[J]. IEEE Transactions on Neural Networks and Learning Systems, 28(10): 2222-2232.

Guo S L, Guo J, Zhang J, et al. 2009. VIC distributed hydrological model to predict climate change impact in the Hanjiang basin[J]. Science in China Series E: Technological Sciences, 52(11): 3234-3239.

Guo Y, Ting M, Wen Z, et al. 2017. Distinct patterns of tropical Pacific SST anomaly and their impacts on North American climate[J]. Journal of Climate, 30(14): 5221-5241.

Harshman R A. 1972. PARAFAC2: Mathematical and technical notes[J]. UCLA Working Papers in Phonetics, 22: 30-44.

Harshman R A, Hong S, Lundy M E. 2003. Shifted factor analysis—Part I: Models and properties[J]. Journal of Chemometrics: A Journal of the Chemometrics Society, 17(7): 363-378.

Holton J R. 1973. An introduction to dynamic meteorology[J]. American Journal of Physics, 41(5): 752-754.

Homrighausen D, McDonald D J. 2016. On the Nyström and column-sampling methods for the approximate principal components analysis of large datasets[J]. Journal of Computational and Graphical Statistics, 25(2): 344-362.

Hong W, Xu W, Qi J, et al. 2019. Neural tensor network for multi-label classification[J]. IEEE Access, 7: 96936-96941.

Hua X, Wu H, Li Z, et al. 2014. Enhancing throughput of the Hadoop Distributed File System for interaction-intensive tasks[J]. Journal of Parallel and Distributed Computing, 74(8): 2770-2779.

Huang X, Hong Q, Bo Z. 2015. Tensor global and local discriminant embedding for SAR target configuration recognition[J]. IEEE Geoscience and Remote Sensing Letters, (2): 1485-1490.

Hur T, Ko P, Wu X. 2007. Antisymmetric rank-2 tensor unparticle physics[J]. Physical Review D, 76(9): 96008.

Ioannidis V N, Marques A G, Giannakis G B. 2020. Tensor graph convolutional networks for multi-relational and robust learning[J]. IEEE Transactions on Signal Processing, 68: 6535-6546.

Jain S, Lall U, Mann M E. 1999. Seasonality and interannual variations of Northern Hemisphere temperature: Equator-to-pole gradient and ocean–land contrast[J]. Journal of Climate, 12(4): 1086-1100.

James J, Littke K, Bonassi T, et al. 2016. Exchangeable cations in deep forest soils: Separating climate and chemical controls on spatial and vertical distribution and cycling[J]. Geoderma, 279:109-121.

Javed S, Mahmood A, Al-Maadeed S, et al. 2018. Moving object detection in complex scene using spatiotemporal structured-sparse RPCA[J]. IEEE Transactions on Image Processing, 28(2): 1007-1022.

Jia C, Shao M, Li S, et al. 2018. Stacked denoising tensor auto-encoder for action recognition with spatiotemporal corruptions[J]. IEEE Transactions on Image Processing: A Publication of the IEEE Signal Processing Society, 27(4): 1878-1887.

Katzfuss M, Cressie N. 2011. Spatio-temporal smoothing and EM estimation for massive remote-sensing data sets[J]. Journal of Time Series Analysis, 32(4): 430-446.

Khokher M R, Bouzerdoum A, Phung S L. 2018. A super descriptor tensor decomposition for dynamic scene recognition[J]. IEEE Transactions on Circuits and Systems for Video Technology, 29(4): 1063-1076.

Khoromskaia V, Andrae D, Khoromskij B N. 2012. Fast and accurate 3D tensor calculation of the Fock operator in a general basis[J]. Computer Physics Communications, 183(11): 2392-2404.

Khoromskij B N, Khoromskaia V. 2007. Low rank Tucker-type tensor approximation to classical potentials[J]. Open Mathematics, 5(3): 523-550.

Khoromskij B N, Khoromskaia V. 2009. Multigrid accelerated tensor approximation of function related multidimensional arrays[J]. SIAM Journal on Scientific Computing, 31(4): 3002-3026.

Kim H M, Webster P J, Curry J A. 2009. Impact of shifting patterns of Pacific Ocean warming on North Atlantic tropical cyclones[J]. Science, 325(5936): 77-80.

Kolda T G, Bader B W. 2009. Tensor decompositions and applications[J]. SIAM Review, 51(3): 455-500.

Kressner D, Tobler C. 2012. Htucker - A MATLAB toolbox for tensors in hierarchical Tucker format[J]. Mathicse, EPF Lausanne.

Kressner D, Tobler C. 2014. Algorithm 941: Htucker - A MATLAB toolbox for tensors in hierarchical Tucker format[J]. ACM Transactions on Mathematical Software (TOMS), 40(3): 1-22.

Kuang L, Yang L, Liao Y. 2015. An integration framework on cloud for cyber physical social systems big data[J]. IEEE Transactions on Cloud Computing, 8(2): 363-374.

Kug J S, Jin F F, An S I. 2009. Two types of El Niño events: Cold tongue El Niño and warm pool El Niño[J]. Journal of Climate, 22(6): 1499-1515.

Lam S N. 1983. Spatial interpolation methods: A review[J]. American Cartographer, 10(2): 129-149.

Laurini M P. 2019. A spatio-temporal approach to estimate patterns of climate change[J]. Environmetrics, 30(1): e2542.

Lee C H. 2012. Mining spatio-temporal information on microblogging streams using a density-based online clustering method[J]. Expert Systems with Applications, 39(10): 9623-9641.

Lee S. 2014. A theory for polar amplification from a general circulation perspective[J]. Asia-Pacific Journal of Atmospheric Sciences, 50(1): 31-43.

Lee S, Yan S, Jeong Y, et al. 2014. Similarity measure design for high dimensional data[J]. Journal of Central South University, 21(9): 3534-3540.

Leibovici D G. 2010. Spatio-temporal multiway decompositions using principal tensor analysis on k-modes: The R package PTAk[J]. Journal of Statistical Software, 34(10): 1-34.

Leibovici D G, Bastin L, Anand S, et al. 2011. Spatially clustered associations in health related geospatial data[J]. Transactions in GIS, 15(3): 347-364.

Leibovici D G, Sabatier R. 1998. A singular value decomposition of a k-way array for a principal component analysis of multiway data, PTA-k[J]. Linear Algebra and its Applications, 269(1-3): 307-329.

Li J, Liao W, Choudhary A, et al. 2003. Parallel netCDF: A scientific high-performance I/O interface[J]. arXiv Preprint cs/0306048.

Li X, Huang H, Shabanov N V, et al. 2020. Extending the stochastic radiative transfer theory to simulate BRF over forests with heterogeneous distribution of damaged foliage inside of tree crowns[J]. Remote Sensing of Environment, 250: 112040.

Li X, Yu L, Sohl T, et al. 2016. A cellular automata downscaling based 1 km global land use datasets (2010–2100)[J]. Science Bulletin, 61(21): 1651-1661.

Li Y, Zhu J. 2008. L1-norm quantile regression[J]. Journal of Computational and Graphical Statistics, 17(1): 163-185.

Lim K, Meisner D, Saidi A G, et al. 2013. Thin servers with smart pipes: Designing soc accelerators for memcached[J]. ACM SIGARCH Computer Architecture News, 41(3): 36-47.

Lim L H, Comon P. 2009. Nonnegative approximations of nonnegative tensors[J]. Journal of Chemometrics: A Journal of the Chemometrics Society, 23(7-8): 432-441.

Linden G, Smith B, York J. 2003. Amazon.com recommendations: Item-to-item Collaborative filtering[J]. IEEE Internet Computing, 7(1): 76-80.

Listed N. 2005. White matter in cognitive neurosciences: Advances in diffusion tensor imaging and its applications. August 19-20, 2004. New York City, New York, USA[J]. Annals of the New York Academy of Sciences, 1064: vii.

Liu Y, Shang F, Wei F, et al. 2015. Generalized higher order orthogonal iteration for tensor learning and decomposition[J]. IEEE Transactions on Neural Networks and Learning Systems, 27(12): 1-13.

Liu H, Zhan Q, Yang C, et al. 2019. The multi-timescale temporal patterns and dynamics of land surface temperature using ensemble empirical mode decomposition[J]. Science of the Total Environment, 652: 243-255.

Liu H K, Zhang L, Huang H. 2020. Small target detection in infrared videos based on spatio-temporal tensor model[J]. IEEE Transactions on Geoscience and Remote Sensing, 58(12): 8689-8700.

Liu J, Musialski P, Wonka P, et al. 2012. Tensor completion for estimating missing values in visual data[J]. IEEE Transactions on Pattern Analysis and Machine Intelligence, 35(1): 208-220.

Liu Z, Wu L. 2004. Atmospheric response to North Pacific SST: The role of ocean atmosphere coupling[J]. Journal of Climate, 17(9): 1859-1882.

Ma C, Wei G, Pei S W, et al. 2010. Improvement of sparse matrix-vector multiplication on GPU[J]. Computer Systems & Applications, 19(5): 116-120.

Mann M E, Bradley R S, Hughes M K. 1999. Northern hemisphere temperatures during the past millennium: Inferences, uncertainties, and limitations[J]. Geophysical Research

Letters, 26(6): 759-762.

Meng X, Morris A J, Martin E B. 2003. On-line monitoring of batch processes using a PARAFAC representation[J]. Journal of Chemometrics, 17(1): 65-81.

Moberg A, Alexandersson H, Bergström H, et al. 2003. Were southern Swedish summer temperatures before 1860 as warm as measured?[J]. International Journal of Climatology: A Journal of the Royal Meteorological Society, 23(12): 1495-1521.

Mørup M, Hansen L K, Arnfred S M. 2008. Algorithms for sparse nonnegative Tucker decompositions[J]. Neural Computation, 20(8): 2112-2131.

Mørup M, Schmidt M N. 2006. Sparse non-negative matrix factor 2-D deconvolution[J]. Online Research Database in Technology.

Mrup M, Hansen L K, Arnfred S M. 2008. Algorithms for sparse nonnegative Tucker decompositions[J]. Neural Computation, 20(8): 2112-2131.

Paatero P. 1999. The multilinear engine—a table-driven, least squares program for solving multilinear problems, including the n-way parallel factor analysis model[J]. Journal of Computational and Graphical Statistics, 8(4): 854-888.

Plugge E, Hows D, Membrey P, et al. 2015. The Definitive Guide to MongoDB: A Complete Guide to Dealing with Big Data Using MongoDB[M]. Berkeley, California: Apress.

Polichtchouk I, Cho J Y-K. 2016. Equatorial superrotation in Held and Suarez like flows with weak equator-to-pole surface temperature gradient[J]. Quarterly Journal of the Royal Meteorological Society, 142(696): 1528-1540.

Pradhan B, Hagemann U, Tehrany M S, et al. 2014. An easy to use ArcMap based texture analysis program for extraction of flooded areas from TerraSAR-X satellite image[J]. Computers & Geosciences, 63(C): 34-43.

Prasath V B S, Thanh D N H. 2021. Compression artifacts reduction with multiscale tensor regularization[J]. Multidimensional Systems and Signal Processing, 32(2): 521-531.

Ranjbar V, Salehi M, Jandaghi P, et al. 2018. QANet: Tensor decomposition approach for query-based anomaly detection in heterogeneous information networks[J]. IEEE Transactions on Knowledge and Data Engineering, 31(11): 2178-2189.

Regalia P A. 2013. Monotonically convergent algorithms for symmetric tensor approximation[J]. Linear Algebra and Its Applications, 438(2): 875-890.

Reichstein M, Camps-Valls G, Stevens B, et al. 2019. Deep learning and process understanding for data-driven Earth system science[J]. Nature, 566(7743): 195-204.

Ren S, He K, Girshick R, et al. 2016. Faster R-CNN: Towards real-time object detection with region proposal networks[J]. IEEE Transactions on Pattern Analysis and Machine Intelligence, 39(6): 1137-1149.

Robinson T P, Metternicht G. 2006. Testing the performance of spatial interpolation techniques for mapping soil properties[J]. Computers & Electronics in Agriculture, 50(2): 97-108.

Rosa M J, Seymour B. 2014. Decoding the matrix: Benefits and limitations of applying machine learning algorithms to pain neuroimaging[J]. Pain, 155(5): 864-867.

Rubel F, Brugger K, Haslinger K, et al. 2017. The climate of the European Alps: Shift of very high resolution Köppen-Geiger climate zones 1800–2100[J]. Meteorologische Zeitschrift, 26(2): 115-125.

Runge J, Bathiany S, Bollt E, et al. 2019. Inferring causation from time series in Earth system sciences[J]. Nature Communications, 10(1): 1-13.

Schneider R, Uschmajew A. 2014. Approximation rates for the hierarchical tensor format in periodic Sobolev spaces[J]. Journal of Complexity, 30(2): 56-71.

Shen H, Huang J Z. 2008. Sparse principal component analysis via regularized low rank matrix approximation[J]. Journal of Multivariate Analysis, 99(6): 1015-1034.

Soltani S, Kilmer M E, Hansen P C. 2016. A tensor-based dictionary learning approach to tomographic image reconstruction[J]. Bit Numerical Mathematics, 56(4): 1425-1454.

Stamatopoulos C A, Di B. 2015. Analytical and approximate expressions predicting post-failure landslide displacement using the multi-block model and energy methods[J]. Landslides, 12(6): 1-7.

Stanimirova I, Walczak B, Massart D L, et al. 2004. STATIS, a three-way method for data analysis. Application to environmental data[J]. Chemometrics and Intelligent Laboratory Systems, 73(2): 219-233.

Stefan K, Patrick G, Sebastian P, et al. 2018. Tensor-based dynamic mode decomposition[J]. Nonlinearity, 31(7): 3359-3380.

Stonebraker M, Brown P, Zhang D, et al. 2013. SciDB: A database management system for applications with complex analytics[J]. Computing in Science & Engineering, 15(3): 54-62.

Sudmanns M, Tiede D, Lang S, et al. 2018. Semantic and syntactic interoperability in online processing of big Earth observation data[J]. International Journal of Digital Earth, 11(1): 95-112.

Tam G K L, Cheng Z Q, Lai Y K, et al. 2012. Registration of 3D point clouds and meshes: A survey from rigid to nonrigid[J]. IEEE Transactions on Visualization and Computer Graphics, 19(7): 1199-1217.

Tao W, Huang G, Wu R, et al. 2017. Asymmetry in summertime atmospheric circulation anomalies over the northwest Pacific during decaying phase of El Niño and La Niña[J]. Climate Dynamics, 49(5): 2007-2023.

ten Berge J M F. 1991. Kruskal's polynomial for $2\times2\times2$ arrays and a generalization to $2\times n \times n$ arrays[J]. Psychometrika, 56(4): 631-636.

Tian C, Fan G, Gao X, et al. 2012. Multiview face recognition: From TensorFace to V-TensorFace and K-TensorFace[J]. IEEE Transactions on Systems, Man, and Cybernetics, Part B (Cybernetics), 42(2): 320-333.

Tsonis A A, Hunt A G, Elsner J B. 2003. On the relation between ENSO and global climate change[J]. Meteorology and Atmospheric Physics, 84(3): 229-242.

van Belzen F, Weiland S. 2012. A tensor decomposition approach to data compression and approximation of ND systems[J]. Multidimensional Systems and Signal Processing, 23(1-2): 209-236.

Vouk M A. 2008. Cloud computing–issues, research and implementations[J]. Journal of Computing and Information Technology, 16(4): 235-246.

Wang H, Ahuja N. 2008a. A tensor approximation approach to dimensionality reduction[J]. International Journal of Computer Vision, 76(3): 217-229.

Wang H, Zhang Q, Yuan J. 2017a. Semantically enhanced medical information retrieval system: A tensor factorization based approach[J]. IEEE Access, 5: 7584-7593.

Wang Q, Zhang Y, Onojeghuo A O, et al. 2017b. Enhancing spatio-temporal fusion of MODIS and Landsat data by incorporating 250 m MODIS data[J]. IEEE Journal of Selected Topics in Applied Earth Observations and Remote Sensing, 10(9): 4116-4123.

Wang W W, Feng X C. 2008b. Anisotropic diffusion with nonlinear structure tensor[J]. SIAM Journal on Multiscale Modeling and Simulation, 7(2): 963-977.

White T. 2012. Hadoop: The definitive guide[J]. O'rlly Media Inc Gravenstn Highway North, 215(11): 1-4.

Wu B, Wang D, Zhao G, et al. 2020. Hybrid tensor decomposition in neural network compression[J]. Neural Networks, 132: 309-320.

Wu S, Yan Y, Tang H, et al. 2021. Structured discriminative tensor dictionary learning for unsupervised domain adaptation[J]. Neurocomputing, 442: 281-295.

Xiong H, Pan Z, Ye X, et al. 2013. Sparse spatio-temporal representation with adaptive regularized dictionary learning for low bit-rate video coding[J]. IEEE Transactions on Circuits and Systems for Video Technology, 23(4): 710-728.

Xu B, Huang S, Ye Z. 2021. Application of tensor train decomposition in S2VT Model for sign language recognition[J]. IEEE Access, 99: 35646-35653.

Yan B, Wu R. 2007. Relative roles of different components of the basic state in the phase locking of El Niño mature phases[J]. Journal of Climate, 20(16): 4267-4277.

Yang H K, Yong H S. 2020. Multi-aspect incremental tensor decomposition based on distributed in-memory big data systems[J]. Journal of Data and Information Science, 5(2): 13-32.

Yang X, Li G, Zheng Z, et al. 2014. 2D DOA estimation of coherently distributed noncircular sources[J]. Wireless Personal Communications, 78(2): 1095-1102.

Yang Y, Yang Q. 2011. Singular values of nonnegative rectangular tensors[J]. Frontiers of Mathematics in China, 6(2): 363-378.

Yu G, Yu Z, Xu Y, et al. 2016. An adaptive gradient method for computing generalized tensor eigenpairs[J]. Computational Optimization and Applications, 65(3): 781-797.

Yu J Y, Kao H Y. 2009. Contrasting Eastern-Pacific and Central-Pacific types of ENSO[J]. Journal of Climate, 22(3): 615-632.

Yu Z Y, Yuan L W, Lu G N, et al. 2011. Coupling characteristics of zonal and meridional sea level change revealed by satellite altimetry data and their response to ENSO events[J]. Chinese Journal of Geophysics, 54(8): 1972-1982.

Yuan L, Yu Z, Luo W, et al. 2015. A hierarchical tensor-based approach to compressing, updating and querying geospatial data[J]. IEEE Transactions on Knowledge and Data Engineering, 27(2): 312-325.

Yuan L, Zhao Q, Gui L, et al. 2019. High-order tensor completion via gradient-based optimization under tensor train format[J]. Signal Processing: Image Communication, 73: 53-61.

Zaharia M, Chowdhury M, Franklin M J, et al. 2010. Spark: Cluster computing with working sets[J]. HotCloud, 10(10): 95.

Zhang H, Zhang L L, Li J, et al. 2020. Monitoring the spatiotemporal terrestrial water storage changes in the Yarlung Zangbo River Basin by applying the P-LSA and EOF methods to GRACE data[J]. Science of the Total Environment, 713: 136274.

Zhang K, Chen S, Singh P, et al. 2006. A 3D visualization system for hurricane storm-surge flooding[J]. IEEE Computer Graphics and Applications, 26(1): 18-25.

Zhang L, Tang D, Zhang C. 2010. Evolvement and progress of spatio-temporal index[J]. Computer Science, 37(4): 15-26.

Zhang M, Wang H, Lu Y, et al. 2015. TerraFly GeoCloud: An online spatial data analysis and visualization system[J]. ACM Transactions on Intelligent Systems & Technology, 6(3): 1-24.

Zhao Y, Wang L, Huang T, et al. 2017. Feature extraction of climate variability, seasonality, and long-term change signals in persistent organic pollutants over the Arctic and the Great Lakes[J]. Journal of Geophysical Research: Atmospheres, 122(16): 8921-8939.

Zheng W, Zhou X, Zou C, et al. 2006. Facial expression recognition using kernel canonical correlation analysis (KCCA)[J]. IEEE Transactions on Neural Networks, 17(1): 233-238.